U0001899

New 뉴 과학은 흐른다 ③

中世紀前期至文藝復興，奠定科學基礎知識

漫畫STEAM 科學史 ③

中小學生必讀科普讀物
新課綱最佳延伸閱讀教材

鄭慧溶 Jung Hae-yong —— 著

辛泳希 Shin Young-hee —— 繪

鄭家華 —— 譯

【漫畫STEAM科學史3】
中世紀前期至文藝復興，奠定科學基礎知識
（中小學生必讀科普讀物‧新課綱最佳延伸閱讀教材）

作　　　者：鄭慧溶（Jung Hae-yong）
繪　　　者：辛泳希（Shin Young-hee）
譯　　　者：鄭家華
總　編　輯：張瑩瑩
主　　　編：謝怡文
責任編輯：林曉君
校　　　對：魏秋綢
封面設計：彭子馨（lammypeng@gmail.com）
內文排版：菩薩蠻數位文化有限公司
出　　　版：小樹文化股份有限公司

發　　　行：遠足文化事業股份有限公司（讀書共和國出版集團）
　　　　　　地址：231新北市新店區民權路108-2號9樓
　　　　　　電話：(02) 2218-1417 傳真：(02) 8667-1065
　　　　　　客服專線：0800-221029
　　　　　　電子信箱：service@bookrep.com.tw
　　　　　　郵撥帳號：19504465遠足文化事業股份有限公司
　　　　　　團體訂購另有優惠，請洽業務部：(02) 2218-1417分機1124
法律顧問：華洋法律事務所 蘇文生律師
出版日期：2016年05月01日初版首刷
　　　　　　2020年03月25日二版首刷
　　　　　　2023年07月25日二版5刷

國家圖書館出版品預行編目(CIP)資料

漫畫STEAM科學史 3, 中世紀前期至文藝復興，奠定科學基
礎知識 / 鄭慧溶著；辛泳希繪；鄭家華 譯 – 二版. -- 臺北市：
小樹文化出版：遠足文化發行, 2020.03　面；　公分. --（漫
畫STEAM科學史；3）

譯自：New 뉴 과학은 흐른다 3
ISBN 978-957-0487-22-0(平裝)
1.科學 2.歷史 3.漫畫

309　　　　　　　　　　　　　109000887

* 初版書名：《「漫」遊科學系列3：科學大推進》

線上讀者回函專用QR CODE
您的寶貴意見，將是我們進步的
最大動力。

立即關注小樹文化官網
好書訊息不漏接。

目錄

1・中世紀的科學發展：
深受宗教影響的科學

2·文藝復興時期的科學發展：

近代科學發展的先驅

科學家小檔案

姓　　名：比德

生 卒 年：西元672～735

出 生 地：英國

主要領域：編年史、神學

著名思想：制定陰曆、以耶穌誕生為紀
　　　　　年基準

姓　　名：羅傑・培根

生 卒 年：西元1214?～1292

出 生 地：英國

主要領域：哲學、鍊金術

著名思想：預言未來科技、提倡經驗主
　　　　　義

姓　　名：大阿爾伯特・馬格努斯

生 卒 年：西元1193?～1280

出 生 地：德國

主要領域：形上學、政治學、倫理學、生
　　　　　物學、科學、邏輯學、數學

著名思想：人稱「全能博士」、系統性
　　　　　分類植物

姓　　名：奧卡姆的威廉

生 卒 年：西元1285?～1349

出 生 地：英國

主要領域：神學、哲學

著名思想：唯名論、奧卡姆剃刀理論

姓　　　名：讓・布里丹
生 卒 年：西元1300～1358
出 生 地：法國
主要領域：物理
著名思想：衝力學說

姓　　　名：奧雷姆
生 卒 年：西元1325～1382
出 生 地：法國
主要領域：物理
著名思想：運用數學分析運動、衝力理
　　　　　論

姓　　　名：李奧納多・達文西
生 卒 年：西元1452～1519
出 生 地：義大利
主要領域：藝術、機械工程
著名思想：繪製人體解剖圖、遠近法

姓　　　名：麥哲倫
生 卒 年：西元1480～1521
出 生 地：葡萄牙
主要領域：航海
著名思想：首位實現環球航行的航海家

姓　　　名：麥卡托

生 卒 年：西元1512～1594

出 生 地：佛蘭德斯（比利時）

主要領域：數學、地理學、天文學

著名思想：地球儀及天球儀、麥卡托製
　　　　　圖法（又稱「圓柱投影法」）

姓　　　名：哥白尼

生 卒 年：西元1473～1543

出 生 地：波蘭

主要領域：天文學

著名思想：著有《天體運行論》、再次
　　　　　提出「日心說」理論

姓　　　名：塔爾塔利亞

生 卒 年：西元1499～1557

出 生 地：義大利

主要領域：數學、地理學、天文學

著名思想：三次方程式的解法

姓　　　名：卡爾達諾

生 卒 年：西元1501～1576

出 生 地：義大利

主要領域：數學、物理學

著名思想：著有《大術》、創立代數、
　　　　　提出虛數概念

姓　　名：維薩留斯

生 卒 年：西元1514～1564

出 生 地：佛蘭德斯（比利時）

主要領域：醫學

著名思想：著有《人體結構》

姓　　名：塞爾維特

生 卒 年：西元1511～1553

出 生 地：西班牙

主要領域：醫學

著名思想：小循環理論

姓　　名：帕雷

生 卒 年：西元1510～1590

出 生 地：法國

主要領域：醫學

著名思想：近代外科之父

姓　　名：萊昂哈特·福克斯

生 卒 年：西元1501～1566

出 生 地：德國

主要領域：植物學、動物學、語言學

著名思想：著有《植物史論》、《植物
　　　　　全書》、《動物自然史》

1

中世紀的科學發展：
深受宗教影響的科學

封建制度終於確立下來，安定的時代到來。

現在世道太平了，真不錯，是吧？

那找點事來做吧！

中世紀中期掀起了農業革命。

因為技術發達，農作物產量增加了三、四倍。

豐收嘍！

糧食產量增加，人口也隨之增多。

至少沒有人餓死了。

現在不必所有人都去種田了。

人手夠了，你出去學些技術吧！

手工業者出現了，城市逐漸發展。

如果沒人買，做工精美有什麼用？人們為了市場，聚集到城市去。

城市繁榮的同時，中世紀也發展到鼎盛時期。

國王從城市得到稅收而增強了實力。

教會壯大，商業繁榮。

中世紀前期的科學

以信仰為標準的科學

西元392年基督教被定為羅馬國教。

等著瞧吧，讓你們看看我的表現。

進入了中世紀以後，大幅影響了人們的生活觀和價值觀。

神的旨意是……

這是神的旨意。

神啊，我祈禱……

再加上科學是由社會現有價值觀決定的，

我過去了！

你個子太大，過不去！

人們不得不根據基督教的標準去評價科學。

這是什麼話！呿！

「地球是圓的」違背了《聖經》的內容！

世界是以耶路撒冷為中心的圓形土地。就像這樣！

亞洲

耶路撒冷

歐洲

非洲

在這種環境下，人們大多認為科學是庸俗的，因此漠不關心。

拯救靈魂都不夠了，哪有心思做研究啊？

那邊的情況好像和我們印度差不多嘛！

科學以希臘人文主義為基礎。

異教學說！

居然敢說憑著人所創造的科學，就能解釋宇宙真理！

科學遭到壓迫，幾乎被徹底遺忘了。

異教學說會毒害教徒的靈魂，不能碰！

不予通過

面對這種情況，科學家必須合理化自己的研究。

當然，當然！世界是神創造的。

所以，為了頌揚偉大的神，難道不該研究世界嗎？

應該了解神的全能和智慧，這點我贊成。

有幾個傳教士也抱持這種觀點。

聖奧古斯丁
（西元354～430）

聖奧古斯丁雖然沒有從事科學研究，

是啊，沒錯！

你的研究是為了從根本上解釋和宣傳「神造萬物論」，對不對？

但他在信仰範圍內找到科學研究容身之處。

那麼，也要研究神創造的世界，懂不懂？哈利路亞！

20

他非常重視信仰。

現在可以放心研究了嗎？

最好還是先為教會做些貢獻吧。

他希望透過研究實用科學，

找出復活節日期的規則！

發生類似傳染病的情況時，該如何解決呢？

奠定中世紀科學。

不會好好做嗎？

混蛋！一天到晚使喚人，哪有時間研究科學！

修士比德也對科學感興趣。

比德
(西元672～735)

他是諾聖布利亞本篤會的修士，

他喜歡邀請其他國家的學者前來。託他的福，我們修道院成了文化中心。

這都是因為我們的院長比斯肖先生。

能接觸到很多當時少見的參考書籍。

比德寫了許多書，半數是解釋聖經的。

其餘都是關於修道院學校教育，相當實用。

呼

為什麼這種書經常提到科學呢？

21

比德是第一個利用月亮周期制定日曆的西方人。

而陰曆的每個月大概都是29.53天。

陰曆235個月與陽曆228個月都是6939天，就是19年又7個陰曆月。

太陽運動的周期是365.25天，每隔四年就會有1天的誤差。

→一年由13個陰曆月組成。

→一年由12個陰曆月組成。

而且，陽曆每個月的長度也不同，很難把閏日加進去。

→按照太陽曆計算，一年有365.25天。

將這19年分成兩部分，其中7年加上閏月、一年13個月，另外12年是一年12個月，這樣製作出來的日曆就和季節大致相符了。

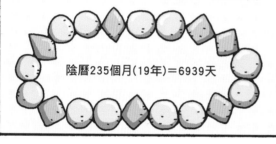

陰曆235個月(19年)＝6939天　＝　陽曆228個月(19年)＝6939天

他還制定出長達532年周期的時間表。

為了找出準確的復活節日期……

而且第一次使用耶穌誕生日作為紀年的基準。

現在，全世界都使用這個標準，用AD(Anno Domini，上帝的年份)表示。也稱作「西元」。

比德也很關心洋流的變化。

嗯……不同地區，漲潮時間不一樣。

但比德認為的科學不過是現今的一小部分。

只有《聖經》裡出現的那部分。

如果你知道當時大多數學者都這麼想的話，

相較於中世紀，我們算是知識份子了。

呵呵

就不難理解為什麼中世紀前幾百年，科學幾乎沒有任何進展了。

呱，你也是井底之蛙嗎？

除此之外，中世紀前期也有幾部關於動植物知識的書籍。

自然史
（自然學家著）

這些書其實稱不上教科書。

這是什麼？憑想像畫出來的嗎？

這些書的主要目的是推廣信仰以及宣傳道德。

鵜鶘是信仰的象徵。鵜鶘餵幼鳥時，要把自己弄傷，就像耶穌為了拯救全世界的罪人而流血！

還有狼吃羊，簡單的說，狼象徵傷害我們信徒的撒旦。

直到12世紀，希臘文化從伊斯蘭傳進來，才結束科學停滯不前的狀況。

喔！瞧瞧這個！

23

希臘文化再現

信仰與真理間的矛盾

11世紀初，遺忘600多年的希臘文化再次被發現。

是從西班牙和西西里地區的伊斯蘭勢力被趕跑時所開始。

很多人會講阿拉伯語，也熟悉伊斯蘭文化，翻譯阿拉伯語書籍對他們來說很輕鬆。

阿拉伯語

阿拉伯語

因為居住在那裡的人都被伊斯蘭文明同化過。

初期代表性的翻譯家有傑拉德和阿德拉特等人。

我想讀托勒密的《天文學大成》，所以就開始翻譯了。

譯完一本又一本，不知不覺就翻譯了80多本。

我主要翻譯的是歐幾里德《幾何原理》之類的數學書籍。這類書比較適合我。

傑拉德
（西元1114～1187）

阿德拉特
（西元1075～1160）

還有斯科特，他翻譯亞里斯多德的科學書籍和伊斯蘭鍊金術方面的書。

我精通阿拉伯語哦。

斯科特
(西元？～1235)

這個時期，人們先把古希臘書籍翻譯成阿拉伯語，再譯成拉丁語。

當時的知識份子都很喜歡這樣的翻譯作品。

我們有多麼渴望新知識，你知道嗎？

總算把你盼來了！

發展到了一定的階段，人們就嘗試直接翻譯原文。

不同的語言經過多次的翻譯，難免會有錯誤。

希臘語　　阿拉伯語　　拉丁語

莫爾貝克的威廉能夠直接翻譯希臘原文。

莫爾貝克的威廉
(西元1215～1286)

他翻譯了亞里斯多德大部分的書籍。

我把亞里斯多德最重要的論著都翻譯了。

亞里斯多德

但這個時期只有一部分的書被翻譯出來，有些直到今天也沒有譯完。

那就挑喜歡的書來譯嘍。

書太多了，怎麼可能全譯出來呢？

當時翻譯工作最大的功勞，就是推廣了亞里斯多德的思想。

但是迫於基督教的壓力，科學家只能進行實用科學的研究。

有人提出「探索自然是找出神的真理之路」，這就突破了防線。

誰敢說這樣的大話！

不是我說的，是書裡寫的，我只是照著唸而已！

是亞里斯多德的書，您要不要看一下？

怎麼這麼厚？你整理好再給我看！

首先，書中說到世界是永恆的。

沒錯，說得真好！

其次，物體的性質不能脫離物體實體而單獨存在。

說得對，慶祝！

再來，自然是按照一種不變的法則發展變化的。

好！

最後，肉體如果死了，靈魂也活不成。

有道理！

什麼！居然否認神創造奇蹟並使靈魂不滅，還敢說科學是通往神的真理之路！

當我是傻瓜啊！

呃～

您不高興嗎？真是對不起！我們重新考慮一下。

自然科學家為了不和神學家正面衝突，

我們先從靈魂不滅的角度開始吧，嗯？

咻咻

把科學分成了基督教真理和科學真理。

冷靜冷靜，聽我把話說完，好嗎？

那個……科學雖然要理性分析，

然後呢？

呃，宗教是非理性的，我們就裝不知道吧。不行，信仰是不能用理性解決的。

呼呼

科學和信仰應該分開來思考。

在宗教領域，靈魂不滅是真理，但在科學領域就可能是謬誤，所以要分開思考。

呼呼～

呼呼～

神學家並不認同這種說法。

少騙我！你們的結論太消極，拿出熱情來！

喂喂喂！你幹什麼！著火了還搧風!?

我是想讓他清醒一下。

教會為了防止亞里斯多德的思想散布，採取了強硬措施。

從1210～1270年間，主張宣傳亞里斯多德思想的人，都被教會定罪。

你也嘗到苦頭了吧！

太過分了！神學創始前就有亞里斯多德的思想了，到現在還裝作不知道，只會欺負我們。

但教會的強硬措施也無法改變亞里斯多德思想的優勢。

只靠壓迫是行不通的！

現在很難阻止科學家進行研究，越是阻止他們就越想去做。

科學家研究自然的機會增加了。

即使如此，他們還是盡量不惹怒教會。所以中世紀的科學研究領域並不廣。

光學

運動量理論

中世紀的知識殿堂

修道院與新式大學

中世紀前期，只有修道院才能研究學問、接受教育。

當時許多國王甚至不識字。

因為只有在教會裡才需要寫字。

傻瓜愚昧

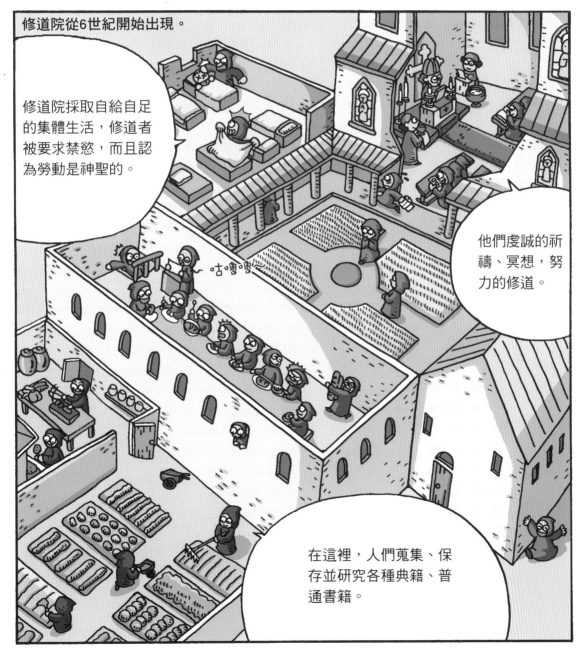

修道院從6世紀開始出現。

修道院採取自給自足的集體生活，修道者被要求禁慾，而且認為勞動是神聖的。

他們虔誠的祈禱、冥想，努力的修道。

咕嚕嚕

在這裡，人們蒐集、保存並研究各種典籍、普通書籍。

修道院成了中世紀的學術中心，

其中有七個基本學科，而基本學科之上又有三門學問。

神學　哲學　倫理學

給我仔細聽！

數論　天文學　音樂

語法學　修辭學　辯證法　幾何學

負責執行從羅馬帝國傳承而來的教育課程。

自由七藝

修道院裡有圖書館。

製作手抄本。

保管珍貴的書籍。

到了11世紀，修道士有機會讀到許多希臘哲學家的書。

當然，這些書是從伊斯蘭世界得來的。

不要看異教徒的書！

因為是從異教徒那裡得來的，所以歷盡千辛萬苦，非常不容易。

為了得到這些書，有人裝成伊斯蘭教徒……

還有人因為化裝被識破而被處死。

冤枉啊！

千辛萬苦得來的典籍被翻譯成了拉丁語。

因為傳教士用拉丁語做彌撒，每個國家的傳教士都會拉丁語。

拉丁語！拉丁語～

但是，也只有傳教士會讀。

這樣的翻譯書很難推廣。

而且要一字一句的抄寫，再編成書，做好一本書就得花好幾個月。

因此書的價格很高。而且抄寫過程中錯誤很多，即使是同一本書，內容也不會完全一樣。

真貴啊～

教育雖然慢慢發展，但不識字的人還是很多。

上課也沒有課本，幾乎全靠老師口頭講課。

識字率是百分之一！100個人中只有1個人識字。

13世紀開始，伴隨著城市發展，教育也變得越來越重要。

想當商人也得會讀、寫、算才行。你不要只顧著玩……

為普通人設立的小學出現了。

若有人問現在的識字率是多少，我能自信的回答是40%！

40%

隨著更多伊斯蘭的新知識傳入，許多地方出現了大學。

新知識不斷的傳進來，修道院古老的教育方式跟不上時代了。

修道院

沒錯！修道院是最高教育機構的說法過時了，我要去上新創立的大學！

去哪裡上大學呢♪

劍橋大學
1209年

巴黎大學
1150年

牛津大學
1167年

波隆那大學
1088年

「大學」一詞本來是指學生和老師的組合，後來變成民間教育的意思了。

今天是第一次上課♪好興奮啊！

大學也可以說是專門培養傳教士的地方。

學習語法、修辭學、倫理學。

這些基本課程，都是為了讓傳教士能用拉丁語讀、寫、交流而設立的。

其餘課程與以前羅馬的自由七藝相似，仍不包括歷史和文學。

基本課程有什麼科學性嗎？

這個……是受伊斯蘭的影響……

數學

天文學

幾何學

其實沒有教科學。都是基礎科目，沒有實際的技術。

只是激起人們對科學的好奇心。

囉囉嗦嗦！

也就是說，沒有學到或者研究出什麼東西？

什麼話！我們研究的東西也很多啊，在伊斯蘭知識傳進來前，不是有主導地位的「斯庫拉」了嗎？

因為是大學生每天都要裝作很忙的樣子。

斯庫拉？朱古力？你說的是巧克力嗎？

不是！「斯庫拉」是學校的意思。

那個時代還沒有巧克力呢。

複習一下吧，判斷中世紀時期學術價值的標準是什麼？

嗯……呃……是信仰嗎？

對，就是信仰！「斯庫拉」就是想要透過系統化教育來推廣信仰。

「斯庫拉」的出發點就是：研究《聖經》和傳教士的書、理解信仰。

解釋

加注釋

加說明

閱讀

對比

然而不論是什麼，要想成為學術研究，都需要理性。

你能過來一下嗎？

真的要我過去嗎？

信仰一方面強調理性，

靈魂不滅是非理性的……

關鍵時刻又排除理性。

好了！你可以走了。

在理性和信仰的矛盾中產生了一種哲學，這就是「斯庫拉」。

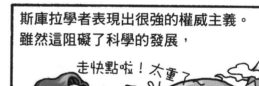

斯庫拉學者表現出很強的權威主義。雖然這阻礙了科學的發展，

走快點啦！太重了

呼呼

權威

但也造就一批開創中世紀及近代科學的優秀科學家。

因為那裡是唯一可以做研究，又能激發人們好奇心的地方。

中世紀實驗科學

倫理與驗證相輔相成

亞里斯多德的思想為中世紀科學帶來了新的可能性。

但過分崇拜亞里斯多德的情況也招來了反對派。

亞里斯多德太過強調理性，也有問題。

沒錯，發現真理的必要條件只有理性嗎？

為什麼無視經驗呢？真悶。

反對派的主張對於「實驗科學」的發展影響很大。

這些人主要是以新式大學為中心。

驗 科 學 實

反對派的代表人物是英國的格羅斯泰斯特。

格羅斯泰斯特
（西元1175？～1253）

他是傳教士，也是牛津大學的教授。

畫線的部分是……

他是13世紀前半期學者的代表性人物。

天主教會*的會員學習數學和自然科學，也是受到這個人的影響。

投降～

影響力很大！

★1209年天主教創立最初的托缽修道會。

35

格羅斯泰斯特非常關心科學。

據說我閱讀了亞里斯多德全部的理論和書籍，思考了許多問題。

受亞里斯多德的影響，他研究了天文學、宇宙、聲學、光學等，

因為愛好音樂而研究聲音。

研究天文領域裡的數學關係。

用放大、縮小的鏡片，研究望遠鏡。

寫了不少探索自然的文章。

探索自然是向神挑戰的不禮貌行為！

真的是那樣嗎？作為倫理學的專家，我不這樣認為！

在科學理論中，倫理雖然很重要，

倫理

如何驗證理論也很重要。

倫理　科學理論　驗證

原因

原因

探索自然是為了找出事物的原因。

要清楚的解釋原因，就要仔細的分析構成要素和原理。

原理　原因　構成要素

並且透過假設，使觀察現象形成原理。

而假設要透過科學的驗證來確立。

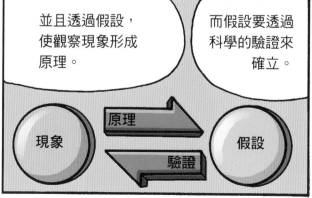

現象　原理　假設　驗證

所以科學題目都要經過實踐，在驗證前只能稱為假設。

真理需要檢驗，就好像不穿衣服就不能出門。

假設

用實踐來檢驗真理有那麼重要嗎？

當然了！例如：「所有的天鵝都是白的……」

即便9999999隻天鵝都是白的，只要有一隻不是白色的……

好多啊～

就足以證明這項假設有誤。而這只能透過實驗證實。

對於科學來說，蒐集大量證據雖然很重要，

但就像白天鵝這個例子，舉出反證更重要。

但是不能實踐檢驗的情況也很多啊！

有嗎？是什麼？

舉例來說，數學裡說「平行線永遠不相交」，但不可能看到永遠啊！

是啊。數學、物理學、天文學等不可能透過實踐檢驗，就只能用公理★檢驗了。

★公理：被多數人和社會認可的真理或者道理。

這些真理不是為了分析原因，而是列舉出模式。

所以就不一定要透過實踐檢驗。

平行線有沒有和意願嗎？

直角三角形呢？

格羅斯泰斯特有個愛徒。

他的外號叫作「愛做夢的賴皮鬼」。

又在做夢了！

羅傑·培根
(西元1214？～1292)

他寫了許多預言，後來都非常有名。

不會吧，像他那樣的騙子⋯⋯

人們將製造出一種會飛的東西，可以坐在上面操縱它的翅膀⋯⋯

將來，會製造出不用馬匹拉也能透過神奇力量跑起來的東西。

或許還可以自由自在的在海裡遨遊。

他喜歡挑戰權威。

你太狂妄了！整天頂撞前輩，太會狡辯了！

現在你所說的話，正好是我歸納出來毫無用處的權威的第四條。

毫無用處的權威四種表現：

1. 不當的權威
2. 舊俗
3. 愚民
4. 無條件的妄想樹立權威，隱藏自己的無知

他被關進了監獄。

只是因為我學習了伊斯蘭的科學！

真可笑！說不過我就把我關進監獄！你不覺得事實就是這樣嗎？

……

但是話說回來，我對自然的研究還不夠充分。

應該透過實驗重新認識自然。

走來

走去

喂，你知道實驗有多神奇嗎？

做個實驗，你就可以檢驗出假設是不是與實際相符。

實驗

假設

舉例來說吧，假設我坐在一條船上，發現浸在水中的船槳是彎的。

為了觀察這個現象，要在船上待幾天呢？

肚子好餓……我想去廁所……

聰明人就不會這麼笨，只要在家拿個裝滿水的臉盆，將一支鉛筆浸到水裡，就能觀察了。

像這樣，製作一個小模型，就能夠輕鬆證明假設，這就是實驗的好處。

這是一個新的構想。

只是觀察現實中的現象，太消極了。

應該做實驗！

對！像這樣，鉛筆看起來彎曲了，這是折射現象。

是因為光從空氣進入水中時，光線傳播的方向發生了變化。

我們的眼睛接受光，所以能看到東西。

我們能看見鉛筆，是因為鉛筆反射的光進入眼睛。

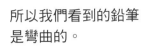
所以我們看到的鉛筆是彎曲的。

知道這點後，我發現了另一個事實，玻璃也像水一樣會產生折射現象！

就是這樣！只要調整玻璃的折射率，就能夠看到本來很小或看不到的東西了！

這話好像在哪裡聽過？

這就是對眼鏡和望遠鏡的預言！

因為是熟悉的物品，所以往往想不到。這也表示當時還沒有眼鏡！

啊！這就對了！

培根是個修道士，

我的經驗主要分為神的經驗和外界得來的經驗。

所以他的理念中沒有信仰和理性之間的矛盾。

這兩者只是人類知識海洋中的一小部分。

而且這兩種經驗在信仰的指引下得以統一。

他認為「自然法則」和神並沒有關係，不過是「自然的魔術」

有趣吧？神奇吧？

培根將「斯庫拉」哲學和理性完美整合在一起，這在中世紀很了不起。

身為修道士，能做到那種程度真了不起。

我也這麼認為。

是吧？

大阿爾伯特‧馬格努斯和培根生活在同一時代。

笑一笑吧，老師！

大阿爾伯特‧馬格努斯
(西元1193？～1280)

他是教育家，也是道明會★的修道士。

他對許多事物都很感興趣，在引進希臘和伊斯蘭科學上有很大的功勞。

★ 1216年由道明‧古斯曼創辦的修道會，擁護重視神學的傳統信仰。

他還寫了許多研究亞里斯多德著作的書籍。

科學
倫理學
生物學
形上學
邏輯學
政治學
數學

他研究的範圍十分廣泛，人稱「全能博士」。

真了不起！ 好厲害啊！

但是馬格努斯並不像其他學者，一味相信亞里斯多德。

他認為自己思考更重要。

他從不輕易相信別人的學說，教導學生要透過觀察去探索自然。

我的午飯……

如果看過他寫的動物生態書籍，就知道他的觀點很鮮明。

雖然裡面描述的動物還參雜了傳說，但他並沒有照搬民間流傳的故事，

而是經過仔細觀察才寫出來的。他觀察了動物、昆蟲交配的情況，還解剖了蟋蟀。

他還打破受精卵，觀察小雞出生的過程。

蛋白
蛋黃
胚盤
氣室
蛋黃

把我的孩子還給我！

第三天　第六天　第九天

他推測生活在北極的動物的皮一定很厚，而且毛是白色的。

真是個無所不知的人！

他也有系統的分類植物。

他還做出結論，帶刺植物的刺是由葉子、枝條、花托演變而來的。

他觀察樹木，發現光和溫度是成長的關鍵。

⋯⋯

他認為，透過嫁接可以得到新的品種。

還有！我們的老師……

作業都做完了？

嗚嗚～

別站著！還不趕快去念書！

這樣一來，受到希臘哲學影響的學者又向自然科學邁進了一步。

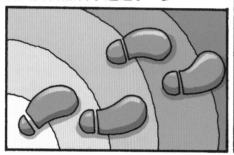

與神學之間的矛盾增加。

他的想法很特別。

這傢伙就是異教徒嘛！得想個對策！

湯瑪斯‧阿奎那和鄧斯‧司各脫出來調解。

有什麼好擔心的啊？

真正的高手總是臨危不亂！

湯瑪斯‧阿奎那
(西元1225？～1274)

鄧斯‧司各脫
(西元1266～1308)

雖然他們是神學家，但為了確保科學家能安全研究科學而傷腦筋。

你冷靜一下，聽我說。

神是看不見的，我們想了解神，就只能從看得見的東西觀察啊！

為什麼你覺得所有的知識都來自神的啟示呢？

理性讓我們知道真理，更清楚的呈現道理。

所以……

自然界是神創造的，為什麼要擔心用科學去研究它呢？

那麼……

再說，只有了解崇高的真理，才能真正掌握本質，不是嗎？

神的真理是無法透過科學知道的，那科學怎會褻瀆神呢？

所以……

所以別太堅持了。硬要區分科學和信仰，不是很不方便嗎？

不用太害怕的。

所以，就這麼辦吧。

最後輪到先驅者威廉登場了。

謝謝各位前輩的努力。

奧卡姆的威廉
(西元1285？～1349)

他曾在牛津大學學習神學。

為什麼？

為什麼？

為什麼？

45

不過還沒畢業他就輟學了。

……

這是為什麼？

那是為什麼？

他總有數不清的奇怪問題，問得我直冒冷汗。

這次又纏上那位教授了，應該把他趕出學校！

威廉成為了「唯名論」學者。

他反對亞里斯多德的「唯實論」。

唯名論

事實上，唯名論不是科學，而是哲學思想。

你這傢伙竟敢反對我？

亞里斯多德的「唯實論」主張桌子、天鵝等都有各自的屬性。

桌子的屬性

他認為事物的屬性可以透過理性得知。

屬性

屬性

屬性

但簡單來說，我認為「普遍性」不可能存在。

為什麼這麼說呢？

造物

造物

神依照什麼意志造成事物的模樣，我們根本不知道。

46

該怎麼看待這些個別存在的事物呢？

看這些桌子！名稱都叫桌子，其實各不相同。

……

那些具有相同特性的事物，其實只是名字相同。

唯 名 論

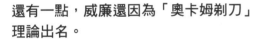

只有名字相同

所以要探究自然，不該去探求普遍性，而是要個別觀察。

還有一點，威廉還因為「奧卡姆剃刀」理論出名。

這個原理就是「理論越簡短越好」。但這與剃刀有什麼關係呢？

我喜歡簡潔。何必長篇大論呢？這不是很蠢嗎？

怎麼會？說明清楚、文字優美，好看又可信！

才不是！解釋越短越好！這時候就要用到剃刀了。

你想幹什麼？難道你要威脅我？

一刀劃去多餘的部分！

威脅？

咔嚓！

來，你也用用看。

你為什麼坐在這？

……

這個觀點批判了當時所有學者，包括亞里斯多德。

你們都接住剃刀，好好整理一下自己！

這混蛋！

免費服務

他剔除了不符合科學原理的東西，對科學有很大貢獻。

直到現在，這仍是探索真理的根本。

重量減輕了，這下輕鬆了吧？

來！就以這個速度奔向下個時代吧！

中世紀物理學
動力學的發展

中世紀的科學大多以亞里斯多德的理論為基礎。

我要收版權費的，知道嗎？

具有代表性的就是物理學。

物理學只是研究通則，較少受到神學的監視。

這樣就可以去實踐了！

監視塔

亞里斯多德將使物體運動的力量來源命名為「原動者」，也就是施加讓物體運動起來的「力」。

→ 原動者

所以運動的原理只要說明什麼是原動者就行了。

說說看，原動者是什麼？

但是，我所說的運動不只是無生命體的位置變化。

→ 開始

後來

生物的變化，如出生、生長等也屬於運動，運動的範圍很廣泛。

換新衣服嘍！

但是，生命體和天上的物體，它們的原動者又是什麼呢？這點還不太清楚。

是誰讓你們動起來的呢？

……

我們也不知道啊。

相較之下，我們知道無生命體的運動原理。

什麼？你知道是誰？

剛才……

我們還找出無生命體的運動原因，並分成自然運動和強制運動。

強制運動

強制運動，就如字面意思，是由外界施力使物體動起來。

自然運動，是物體要回到原本位置而發生的運動。

自然運動

我要回家！

哦。

小石子掉落在地上，因為大地是它最初存在的位置。

想使物體離開自然位置，就只能直接施加作用力，強制它運動。

自然位置

直接施加物理力

喂，我不住在那邊！

下降

加速

等速

但是，有的物體在自由下降時加速了。

到某個地方後，又保持等速。

越重的物體下降的速度越快。

重的物體很傷心，為什麼我總是下降得那麼快？

空氣、水等介質★的密度越大，下降速度就越慢。

結論是，介質的密度越大，對速度的阻礙就越大。

嗨

撲通

空氣的密度　＜　水的密度

★介質：傳播波動或物理作用的媒介。

介質的密度如果少一半，或者……

下降物體的重量變成兩倍，速度就增加兩倍。

現在的問題是：真空時物體落下的速度如何？

真空時介質沒有密度，所以就沒有阻礙。

空氣少了，就變快了。

我變重了，速度就快了。

我也想快點落下……

或許是……無限大？

對！完全正確！

嗚嗚，真僥倖！還以為這麼離譜的答案會挨罵。

但那不是正確答案。

怎麼一下說對，一下說錯！

你沒有仔細看第一冊！

是這樣的。

無限速度只是理論上存在，事實上不可能出現。所以，正確的答案是……

不可能有真空！

但是我的理論中有漏洞。

強制運動中，物體拋出去後，運動無法持續太久。我的理論無法解釋這個現象。

接觸

持續運動

偉大的我也無法解釋。

真的耶！

我想這是因為介質。物體要運動，就要擠開真空中的物質，於是……

被擠走的空氣

真空狀態

逐漸減小的推動力

被擠開的介質(空氣)再回復時，就推動了物體向前；推動力一旦消失，物體就掉到地上了。

……

我知道這個解釋太牽強了。

要用各種眼光去看問題。

你之前說介質會阻礙物體運動，現在又說介質是推動力，這不是矛盾嗎？

哎呀，我是怎麼回事？

當我是傻瓜嗎？

斐勞波諾斯是第一個解決這個問題的學者。

別洩氣，我來幫你。

既然證明了介質會阻礙物體運動，那就去其他地方找推動力吧。

怎麼解決？

斐勞波諾斯
(西元6世紀)

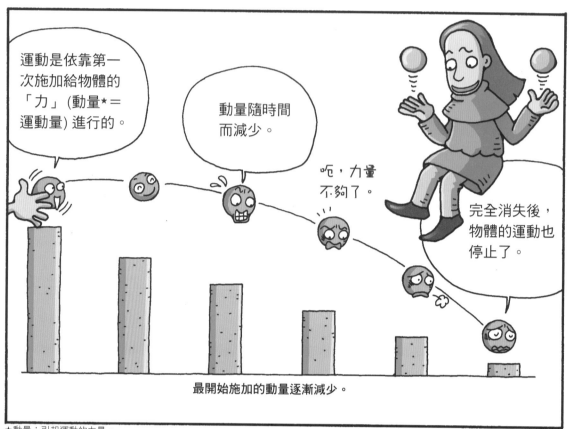

運動是依靠第一次施加給物體的「力」(動量★＝運動量) 進行的。

動量隨時間而減少。

呃，力量不夠了。

完全消失後，物體的運動也停止了。

最開始施加的動量逐漸減少。

★動量：引起運動的力量。

斐勞波諾斯用動量來反對基督教的主張。

天體運動是由神授意九位天使操縱的。不錯吧？

真荒唐！即使沒有那九位天使，天體也會運動。

啪啦

嘩哩

那你說天體是怎麼持續運動的！

我認為是靠動量。

動量？動量在哪？對！找到了！

啪啪啪啪……

54

看這個！根據動量理論，如果沒有外力，物體運動到一定時間就會停止。即使沒對天體施力，天體的運動也不會停啊！

我也學過一點！

沒錯！但天體是很特別的。神賦予它們的動量不會隨時間減少。

會不會是慈悲的神不想讓天體從天掉落到我們頭上呢？

說不定「不會減少的動量」是由全能的神賦予的。

哼哼，聽起來好像對，又好像有點問題啊⋯⋯

動量理論在當時並沒有造成多大的影響。

對，神是全能的！但我還是覺得天使的解釋更好。

砰！

伊斯蘭學者又延伸這個理論，再次傳回了歐洲。

我認為動量就像是鐵在火中加熱後慢慢冷卻。

另一方面，歐洲開始出現反對亞里斯多德力學的意見。

嘰嘰咕咕
嘰嘰咕咕

第一個提出反對意見的人是奧卡姆的威廉。

我也來試試！

加油！

大家努力吧！

這股新生力量在伊斯蘭文明的影響下日趨壯大。

把天使置於鋒利的剃刀下，切斷所有無益的東西。

巴黎大學的讓·布里丹發展出「衝力」學說。

你好！

讓·布里丹
(西元1300～1358)

我可以舉出兩個例子來證明空氣中不存在推動力。

第一個例子是陀螺。如果陀螺在轉動時受到空氣推動力，便會不停的移動，但實際上陀螺一直在原來的位置。

這說明空氣中並不存在推動力。

那位教授整天只知道玩。

如果有人懷疑我的說法，我可以再舉一個證據。這裡有扁平和尖細槍頭的長槍。

你看，他又在玩！

如果空氣中存在著推動力，槍頭扁平的長槍會因與空氣有更多摩擦而受到更多推動力，飛得更快，但事實並不是這樣。

哎呀～

因此只透過與空氣的摩擦作用，是不會得到推動力的。

那天體的運動又該如何解釋？

這下輕鬆了。

啪啪

天體？天體當然是受到推動力而運動的。

天體處在真空狀態，所以受到的推動力不會減少。

喔……

布里丹的研究僅止於慣性原理，沒有更進一步。

就是說你怕了啊！

因為我不想挑戰亞里斯多德的權威。

另一個可以解釋衝力的現象，就是物體落下時速度不斷增加。

物體因為自身的重量而落下，速度增加是因離原來的位置越來越近。

這不是正好可以說明物體運動隨時間而加速嗎？

我的解釋是：物體因自身的重量開始下墜。

不僅如此，下墜過程中不斷受到衝力作用而加速運動。

衝力

布里丹的學生奧雷姆。

您好，您今天真帥！

奧雷姆
(西元1325～1382)

奧雷姆極力反對占星術，他把天體比作時鐘。

這時候已經有機械時鐘*，它精確的運動和天體運動是不是很像呢？

我始終站在流行的最前端喔！

★機械時鐘：依造重力或發條來運轉的時鐘。

這時，奧雷姆對於影響恆星運動的衝力還沒有概念。

引導恆星運動的智慧生物一定非常迷人。

我認為天上的運動與地上的運動本質不同。

你還是我的學生嗎？

他發揮宗教的想像力來說明宇宙的問題。

其實，無論是日心說還是地心說都可以解釋天體運動。

可是高貴的東西自己運動太缺乏美感了！所以由貴氣的太陽主導的日心說應該更合適吧？

透過這些言論也可看出當時科學與神學之間非常矛盾。

地表發生變化的同時，地心也隨之變化，地球位置也跟著改變。

另外，在宇宙中一定還有其他有人類的世界。

你好嗎？

奧雷姆發明了運用數學分析運動的方法。

1330年前後，英國牛津大學墨頓學院的學者想出了測量平均速度的方法。

物體在不斷加速的運動過程中，初速度與末速度的平均值大概等於物體運動的平均速度。

初速度

$$平均速度 = \frac{(初速度 + 末速度)}{2}$$

末速度

可是我並不滿意，總覺得漏掉什麼重要的東西。

啊！到底漏掉了什麼？誰能給我一點提示！

讓我來告訴你吧，第一個字是「時」。

誰來幫幫我？

我知道了！是時間！研究物體下墜速度，時間也很重要，我怎會忘了呢？

平均速度的公式是這樣的。

看！計算出重力加速度是 $\dfrac{9.81m}{s^2}$。

$$距離(m) = \dfrac{(初速度＋末速度)}{2} \times 時間$$

不如趁現在宣傳我的觀點。

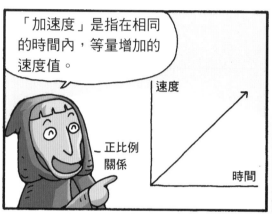

「加速度」是指在相同的時間內，等量增加的速度值。

正比例關係

速度

時間

衝力理論很接近日心說或運動法則，但卻始終沒能突破侷限。

我們也在反省……

世界原本就有自己的規律，以我們消極的做法也改變不了什麼。

雖然反覆不斷說明，也只是修正了亞里斯多德對時間的部分概念。

衝力說在14世紀達到高峰，直到16世紀終於形成理論。

動量

可是支持這理論的人不多。

什麼？為什麼不跟好呢？

17世紀

沒有尾巴耶！

中世紀 數學

普及阿拉伯數字

中世紀初期,人們不使用文字,而是用手勢來表示數字。

到底多少錢啊?為什麼一直打手勢?

這幅圖就是15世紀使用的數字。

左手

右手

左手表示小一點的數字,右手表示大一點的數字。

哎喲,這要背多久才能記住啊?

左手的60和70看起來差不多啊。

左手	右手
1	100
2	400
4	5000
60	8000
70	9000

60是按住食指第一批指節,70是按住食指第二指節。

除此之外，記錄時用羅馬數字。

計算時使用的是改良的羅馬算盤。

★關於「Abacus（算盤）」，請參考第二冊第66頁。

還記得「Abacus（算盤）」★吧？在大理石底盤上面挖出溝槽，透過移動珠子來計算。

雖然早在10世紀，已經有使用阿拉伯數字的紀錄，

以阿拉伯數字計算的人稱為「阿拉伯數字派」。

$$1 2 3$$
$$4 5 6$$
$$7 8 9$$
$$0$$

使用起來很方便，但是不好寫。

真討厭！異教徒的數字！

部分原因是敵視伊斯蘭教徒，但是……

不用是你們的損失。

主要原因來自習慣用算盤的人。

珠算是我們的傳統，不要胡鬧！

團結

現在的年輕人只喜歡簡便的東西，真是傷腦筋呀。

不管怎樣……

別激動。反正會算的人沒幾個，我們團結起來，阿拉伯數字就沒機會了。

珠算派的勢力強大，直到15世紀還反對使用阿拉伯數字。

禁止佛羅倫斯銀行使用阿拉伯數字。

是你們幹的吧？

那又怎樣？

那就決鬥吧！我提議辦比賽，看看誰算得快！

於是，支持者把阿拉伯數字的好處寫成書，想讓世人了解。

我是前輩！

前輩，這種神奇的數字應該讓大家知道。

斐波那契
(西元1170？～1250？)

薩克羅博斯科
(西元1195？～1256)

這是第一本有系統介紹阿拉伯數字的書。

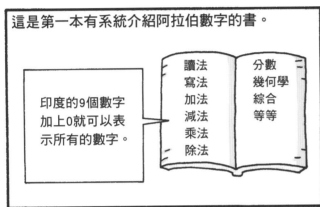

印度的9個數字加上0就可以表示所有的數字。

讀法
寫法
加法
減法
乘法
除法

分數
幾何學
綜合
等等

薩克羅博斯科的書很實用，很多人都讀過。

算法書

簡單的阿拉伯數字沒必要用繁瑣的話解釋嘛。

結果，珠算派逐漸沒落。

我們自知非離開不可，離去的背影是多麼傷感啊。

15世紀時，百姓也開始使用阿拉伯數字。

我們很喜歡，計算簡便，也很容易寫，所以要大力推廣。

這時也出現了活字印刷，為了印刷就必須整理文字和數字。

連領導宗教改革的路德教派也主張使用阿拉伯數字，取得了很大的優勢。

阿拉伯數字勝利了！

不管怎樣，我們很幸運，可以使用簡單方便的數字了。

加油！加油！

嘿～

中世紀醫學

受限的醫術與
駭人的傳染病

歐洲最早的醫校是
義大利的薩勒諾醫
學院。

我們早在9世
紀時就成立了
醫生小組。

11、12世紀逐漸
發展成學校。

解剖學、生理學、
病理學的研究和治
療，幾乎都是依據
蓋倫*的理論。

不看看我
是誰！

★關於蓋倫的故事，請參考第二冊第104頁。

診斷的時候，要先
觀察毛病出在哪
裡，再做出診斷。

讓我來看
看，肝臟不
太好吧？

把脈、驗尿也
很重要。

我們學校最擅長的是外科
手術，原因嘛……

是因為十字軍東征。

哎喲，因為那些
傢伙發動戰爭，
必須經常執行外
科手術。

弗魯伽迪是薩勒諾醫學校著名的外科醫生。

弗魯伽迪
（西元1140？～1195？）

他因為寫了《實用外科學》而聞名。

這本書裡還記載了伊斯蘭醫學。

他還記錄了脫腸手術和慢性皮膚病的手術經驗。

但是薩勒諾醫學校在13世紀時衰落了，後來出現了波隆那大學。

波隆那大學因使用麻醉藥而著名。

但是我們用的麻醉藥並不安全。

患者有可能在手術過程中醒來。真正安全的麻醉藥到19世紀後才出現。

即使這樣還是要做手術啊。

將手術做得又快又好，才能稱得上是名醫。

喀

喊哩咯喳

法國醫學研究最活躍的是蒙彼利埃大學。

這裡的阿爾納爾德醫生和貝爾納洛拉醫生都非常有名。

巴黎大學從1180年開始設立醫學系，但1369年後才有獨立完整的體系。

這個時期有三位有名的醫生。

首先是在波隆那大學學習的蒙迪諾。

蒙迪諾
(西元1276～1326)

他的解剖學很有名。

蒙迪諾
解剖學

中世紀禁止解剖。

好可怕哦！

都是因為十字軍東征。士兵的屍體運回祖國經常缺手斷腿，所以造成了社會問題。

1163年路德教會發佈了禁止解剖的聲明後，解剖學幾乎完全停止。

這是因為教會討厭見到血！

1302年起，只有在解決法律問題時才允許驗屍。

只有為了驗證犯罪行為，才能解剖屍體。

因此我才能在1315年解剖兩具女屍，並詳細記錄過程。

迫於政府和教會的壓力，無法進行人體解剖。

解剖動物不就行了嘛。

蒙迪諾以後的醫生大多還是無法參與解剖。

這個時期的解剖和外科手術通常由理髮師執行，醫生即使參與，也只是在旁監督。

孟德菲爾在波隆那大學學習外科醫學。

他因為《外科技術》而聞名於世。

除了外科技術，書中還記錄了解剖學和解毒藥品，這本書成了外科醫生的聖經。

外科技術

法國人蘇里亞克在法國圖盧茲和蒙彼利埃學習醫學。

蘇里亞克
(西元？～1368)

跟貝爾特盧齊奧學習解剖學時，他也把過程記錄下來。

要把老師的話和動作都記下，「老師抓著屍體的兩隻腳，陷入了沉思」。

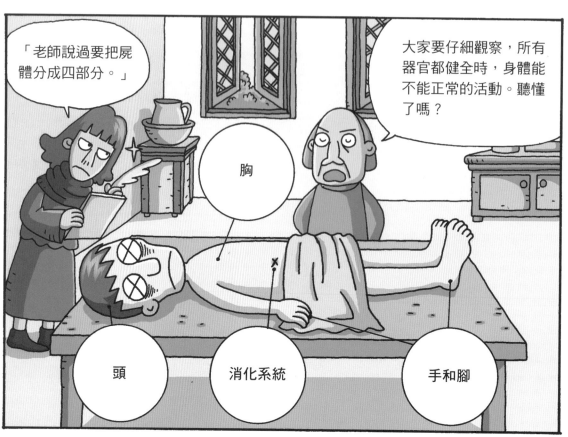

大家要仔細觀察，所有器官都健全時，身體能不能正常的活動。聽懂了嗎？

「老師說過要把屍體分成四部分。」

胸

頭

消化系統

手和腳

中世紀流行的傳染病有麻瘋病和黑死病。

麻瘋病

黑死病

12、13世紀時，麻瘋病蔓延了整個歐洲大陸。

因為十字軍東征的士兵返鄉，使麻瘋病四處流傳。

剛開始人們並不了解麻瘋病的症狀。

這個確定是麻瘋病嗎？

這個……我也不確定……

麻瘋病患者迅速的增加，為了隔離麻瘋病人建立了醫院。

為什麼隔離我？還不確定是不是麻瘋病呢！

說的沒錯！先來做檢查吧。

但檢查實在太潦草了。

很少有醫生在場診斷。

大部分是由傳教士進行檢查，通常只看患者的表面症狀就下結論。

如果單看外表無法確診時，居然是用患者的血液和尿液來判斷。

唔～有奇怪的味道，分明是麻瘋病人！

也有皮膚病患者被誤診成麻瘋病人而遭隔離。

冤枉啊！

麻瘋病

為了趕走長相醜陋的人，也常會誣告對方是麻瘋病患者。

聽說他是麻瘋病人。

直到19世紀，挪威的漢生才揭開麻瘋病的真面目。

在中世紀，麻瘋病患者外出時，必須標示自己是麻瘋病人。

為了治病，他們使用許多稀奇古怪的療法，例如讓狗舔膿瘡。

14世紀中葉時，席捲全歐洲的黑死病使人口銳減了$\frac{1}{3}$，十分悲慘。

黑死病的傳染速度很快，病患還沒接受治療，整個村子的人就死光了。

一旦得到了這種病，就會不停吐血，四肢長滿膿瘡，沒幾天就會死亡。

因為不了解這種病，所以更加恐慌。

還出現許多針對黑死病、荒謬的預防和療法。

例如，禁止舉辦慶祝活動或者市集。

神啊，請保佑我們吧！

但並沒有禁止宗教活動，這也是迅速蔓延的原因之一。

中世紀化學

隱姓埋名的錬金術士

錬金術是中世紀以後，隨著伊斯蘭的知識傳進來的。

這個很有意思，那個也……

謝謝！

引起關注實驗科學者的注意。

嗨，好久不見了！

哦？你也對錬金術感興趣？

我就知道培根也會參與。

錬金術跟實驗科學不能同等看待，要我認同必須有附加條件。

我也是，我只在書上見過錬金術，不太相信。

啊？這麼說只有我完全支持錬金術嗎？

正是這樣！

中世紀許多人受到錬金術的誘惑。

雖然也貪圖金子，但我更喜歡錬金術的神祕氣氛。

誰不是這樣呢？

然而基督教反對錬金術。

一群魔鬼！用荒謬的話來誘惑信徒！

嘶～

錬金術

法律也禁止鍊金術。

如果研究鍊金術被抓到，就會處以殘酷的刑罰。

一邊說我是魔術師，一邊又說我是巫師……

放開我！

14世紀時，個人還無法擁有鍊金術所需的蒸餾器。

不行！

但是研究鍊金術的人還是很多，這也正是嚴厲禁止的原因。

團結就是力量！

西班牙的威拉諾瓦對醫學、占星術、外交都很有研究。

威拉諾瓦
(西元1240～1311)

他撰寫了120篇鍊金術的論文。

這是怎麼寫出來的？連我都覺得太多了呢！

恐怕和大部分鍊金術的書一樣，是我死後別人冒用我的名字寫的。

研究鍊金術的人為了保護自己而用假名。

這個時期大家都這樣！

還有很多研究者冒用名人或鍊金術大師的名字。

在這些冒名頂替的書中，有一本《寶典中的寶典》。

寶典中的寶典

這本書的作者不詳，在鍊金術研究者間廣為流傳，還譯成了法、德、英和義大利語。

法語　德語　英語　義大利語

這個時期還有個知名的鍊金術研究者，叫作雷蒙·盧爾。

雷蒙·盧爾
(西元1234～1315)

他是方濟各教會的「斯庫拉」學者，也是蒙彼利埃大學的教授。

我主要的研究項目是如何利用三角形和圓形導出真理。

他去北非傳教，卻被石頭砸死了。

妖言惑眾！

別這樣，請相信我！不要這樣！

這些冒名頂替的書主要內容如下：

首先，有很多圖表，

而且用羅馬文字敘述鍊金術的內容。

已經說了不是我寫的！

他死後出現了80多本以他名字出版的鍊金術書。

怎麼回事？我生前明明說過我根本不相信鍊金術的。

盧爾指出，有一種銀是神造的，那就是水銀。

水銀的一部分是四大元素。

不是我寫的！

並且由水銀生出第五元素和世界萬物。

我還不想出去呢。

水銀　第五元素

土　水　火　空氣

水銀

要用金屬造出金或銀，就必須找到第五元素。

相信我吧！

金屬　金

盧爾有一句話：「如果地下水是由水銀生成的，我就能把海水變成金子。」

我什麼時候說過這句話？

那我怎麼辦？

盧爾把第五元素命名為「精」，他認為那是酒精。

他或許是對酒精有所期待吧。

哎～隨便你們怎麼說吧。

精

在鍊金術書中，有一本用拉丁語寫的論文集。

我們寫出來當做教科書使用。

論文集

這是13世紀後期由傑伯爾所寫，沒有人知道他的來歷。

有人推測，或許是誤譯伊斯蘭鍊金術代表學者扎比爾的名字。

也有人推測是伊斯蘭的「精誠兄弟會」寫的。但可以確定這本書和伊斯蘭有關。

還有一本《百科全書》非常實用。

可以說是中世紀歐洲鍊金術的教科書。

書中闡述金屬是從硫黃和水銀中提取的，還詳細記錄了各種金屬的性質，還有昇華、蒸餾、溶解及凝固等方法。

真的和我們的完全一樣啊。

然而原始版本使用很多象徵圖形來表示鍊金術的概念，非常難以理解。

這些圖形代表什麼啊？

例如，初期的不完整物質以蛇和龍表示。

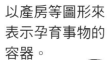

以產房等圖形來表示孕育事物的容器。

這些圖案表示死亡、婚姻、升天、淨化和賢者之石。幾乎算是暗號了吧？

有翅膀的兩性人：象徵紅色的賢者之石。

以復活為目的的死亡。

太陽(金)和月亮(銀)的婚姻。

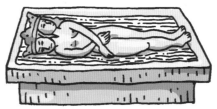

死去的人靈魂升天的樣子。

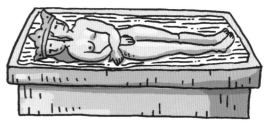

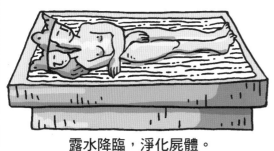

露水降臨，淨化屍體。

雖然人們不斷挑戰鍊金術，卻沒有新發現，因為根本就不可能達成嘛。

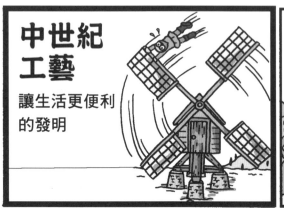

中世紀工藝

讓生活更便利的發明

直到這個時期，幾乎所有中世紀的科學發展都是傳教士的成果。

科學

然而領主和傳教士加起來還不到總人口的10%。

事實上，領主也不算是知識份子。

讀讀看。

而且傳教士推廣科學也僅限宗教。

像我這樣崇尚科學的人都是如此，更不用說其他人了。

即使這樣，當時的技術還是有所發展。

因為實際生活和理論無關啊！

民以食為天嘛！

看羅馬帝國的歷史就知道，即使沒有理論，也會發展技術。

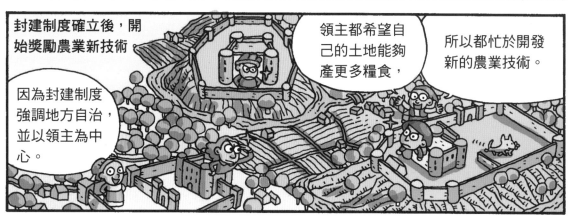

封建制度確立後，開始獎勵農業新技術。

因為封建制度強調地方自治，並以領主為中心。

領主都希望自己的土地能夠產更多糧食，

所以都忙於開發新的農業技術。

這就是中世紀的農業革命。

多虧幾個原因，這次的農業革命才得以成功。

拓荒地

首先，北歐地區大片肥沃的平原已經開拓了。

西元700～1200年間，氣候溫和乾燥，適宜農業耕種。

為了適應新的土地和氣候，同時也發展了農業技術。

第一個發明是重犁。

羅馬人用的是輕便的犁，一個人就能扛著走。

到了4世紀，他們從入侵的條頓人★身上學到了好多新東西。

這是現在流行的帽子嗎？

不，那是褲子，穿在腿上的。

這是什麼呢？

那是用來吃的。

那這個呢？

那個叫作犁。

★條頓人：古代日耳曼人的一個分支。

這麼重的犁怎麼用啊？你們是在炫耀自己力氣大嗎？

這麼重，人怎麼拉？

這是牛拉的，省時又省力。

79

這種牛拉動的犁適合地中海又鬆又乾燥的土地。

但是無法深耕歐洲大陸厚重、潮濕的土地。

每塊地都要犁兩遍，非常不方便。

犁第一遍

犁第二遍

農民為了將土地翻得更深，只能用腳踩著犁。

後來就改用又長又重的犁了。

篤篤 篤篤

這種重型的犁，只需要犁一遍就能翻出很深的壟溝。

壟溝深了，排水也就容易了。

這是農業革命最大的功臣。

羅馬時代的馬軛是拴在馬脖子上的。

只要用力拉韁繩，馬匹就會因為痛苦而無法耕作。

殺了我吧！

駕！
駕！

西元800年時，馬軛套從中國傳了進來。

這是送給你們的，請愛護馬匹。

噢！原來在裡面多加一層布，即使用力拉繩子，馬也不會被勒得無法喘氣。

為了讓馬更適合用於農耕，人們開始動手開發各種馬具。

這是用來保護馬蹄的馬蹄鐵。

馬蹄裝上這個，也可以走石頭路！

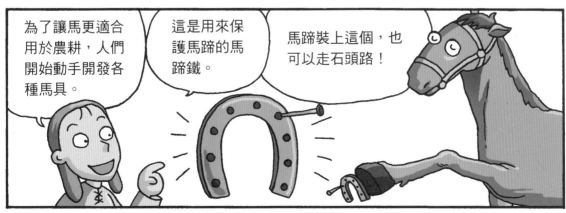

到了1050年，又發明了可以同時駕馭很多匹馬的馬軛。

確實，用馬耕田比用牛更有效率。

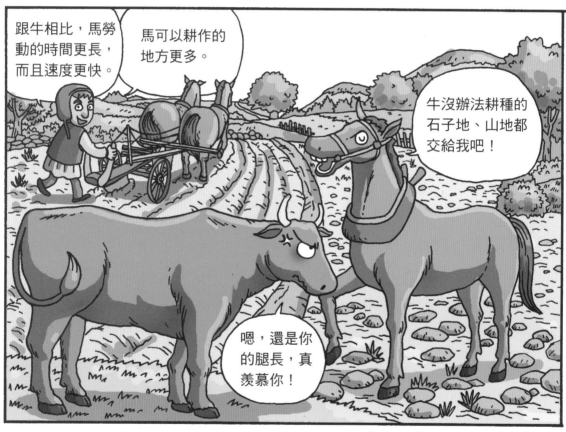

跟牛相比，馬勞動的時間更長，而且速度更快。

馬可以耕作的地方更多。

牛沒辦法耕種的石子地、山地都交給我吧！

嗯，還是你的腿長，真羨慕你！

而且馬的飼料也更好找……

我不喜歡難吃的東西！我要吃鮮嫩的草、麥稈。

現在是冬天……將就一下，吃這個吧。

主人！主人！我吃燕麥就可以了。

用馬來拉犁使「三圃式農業」得以實行，
人們的生活也因此更富裕了。

實在是太
方便了！

在這之前，由於缺乏肥料，
每年至少有一半的土地閒置。

地本來就少，不
停耕種也不一定
夠吃，何況每兩
年就得休耕。

沒辦法啊。如果有
方法能讓土地更肥
沃，就不用這樣
了，可是……

中世紀時，人們開始種植燕麥、大麥、
大豆等農作物。

大豆

這些農作物不但
耐寒，而且大豆
還能改善土地。

燕麥　大麥

人們把土地分成三份，
以三年為周期。

相較於每兩年
讓土地全部閒
置，三年輪換
的方式更好。

| 春耕期(春天播種) |
| 秋耕期(秋天播種) |
| 休耕地(閒置土地) |

今年春天收穫後，到明年秋天再播種，再下一年讓土地休耕，這稱為三圃式農業。

比起兩年閒置一次的耕種法，收成提高了30%～50%。

封建制度的經濟基礎是土地，人們在領地上自給自足。

人們生活在藩籬中，只要不耕種就無法生存。

所有必需品都自己在領地上創造。

要想增加糧食，就得擁有更多肥沃的土地，於是開始開墾荒地。

開墾土地可以使農奴的生活更好，所以大家都積極參與。

我種的土地也增加了。

開墾的意思就是開發非耕地或荒地，變成能耕種的農田。

但到了13世紀末期，開墾土地遇到了阻礙。

因為耕地不斷增加，農耕的人手不夠了。

封建制度下，又不能到別的地方去找人。

這麼大片的土地怎麼可能都耕完呢？

曾經非常穩定的經濟模式遇到了危機。

人們無法再自給自足，封建制度的根基動搖了。

為了彌補不足的人手，開始製造各種農業設備。

第一個發明就是水車！這種工具從西元前就開始使用，中世紀用得更廣泛。

11世紀時，僅英國就製造了5000部水車，平均每400人就擁有一部。

我家也有水車！

水車最早是用來讓穀物脫殼的，後來漸漸用於其他用途。

嗒嘟

這是製造鋼鐵的機器，原理是由水力旋轉帶動往復運動★。

★往復運動：不斷重複上下或前後來回的線型運動。

85

由於農業革命和技術發展，使得糧食和勞動力都有剩餘。

農業革命　技術發展

剩餘糧食　剩餘勞動力

不用耕種的人越來越多。

城市

出於交換的目的，城市開始出現各種手工業商品。

城市與貨幣經濟一起復甦了。

這東西能用來做什麼呢？

商業和貿易開始繁榮。

商店裡的貨物全都一樣，我們得賣點新東西。

最近有人從印度直接運貨品回來，你要去嗎？我可以資助航行的費用。

新的發現使航海商人歡呼雀躍。

陸地！

終於……

我要發財了！如果我們帶著香料、綢緞、瓷器回去賣的話……

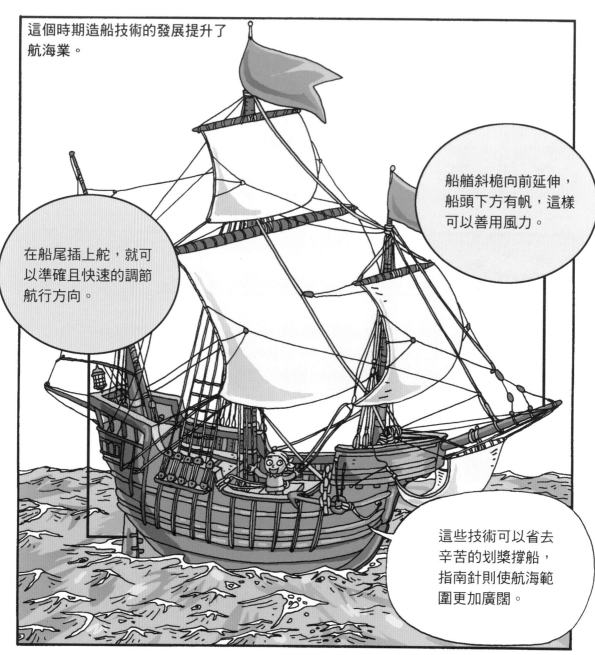

這個時期造船技術的發展提升了航海業。

船艉斜桅向前延伸，船頭下方有帆，這樣可以善用風力。

在船尾插上舵，就可以準確且快速的調節航行方向。

這些技術可以省去辛苦的划槳撐船，指南針則使航海範圍更加廣闊。

透過發現新地點增加財富，城市更加繁榮和發達。

原來是這樣，在建築物上掛時鐘！

到了11世紀中期，做出了時鐘，依靠機器提供動力。

13世紀時，首次製造出可以持續運行的時鐘。但這種鐘體積大又笨重，而且做工粗糙，所以只能掛在公共建築物或修道院。

這是世界上第一部製造鐘錶的機器,又大又複雜。

根據記載,從1232～1370年間,它共製造了39塊鐘錶。

喬瓦尼·德唐迪製造了第一個表示天體運行的時鐘。

這個時鐘能夠準確的顯示太陽、月亮以及五大行星的運行。而且,這個時鐘能夠準確對應每年都不同的教會節日,也有日曆的作用。

發展鐘錶技術時，為了報時還製造了各種自動裝置。

1350年安裝在史特拉斯堡教堂的時鐘，有隻公雞模型會探出頭來搧動翅膀報時。

那些城市希望安裝經濟實用的時鐘。

到了16世紀，又小又便宜的攜帶式懷錶成為主流。

遲到了，遲到了！

你要去哪裡啊？

隨著使用鐘錶，歐洲人的生活效率大幅提升，事情都可以準時完成。

有了水車和鐘錶，人們對機器的關注提高，進而出現各種嘗試。

什麼都能做，又不用費力氣。

按照這種原理，我也能製造出來啊。

嗯，新鮮，真新鮮！

維拉爾·德·奧內庫爾是法國的建築師和技師。

維拉爾·德·奧內庫爾
(西元13世紀)

他提升這個時期的建築業，並為後人留下畫在羊皮紙上的36頁畫冊。

這本書是中世紀建築史上唯一的紀錄，非常重要。

這本書還記載了建築設計、建築方法、石材建築、木工技術、實用幾何學、藝術剖析、比例和對稱的研究、武器、永動機等內容。

人們把他與李奧納多·達文西並列，因為他在許多領域都有研究，還畫了機器圖紙。

您也是全能者嗎？

雖然很多設計沒有製造出來，但看看圖紙就知道他做了多少研究。

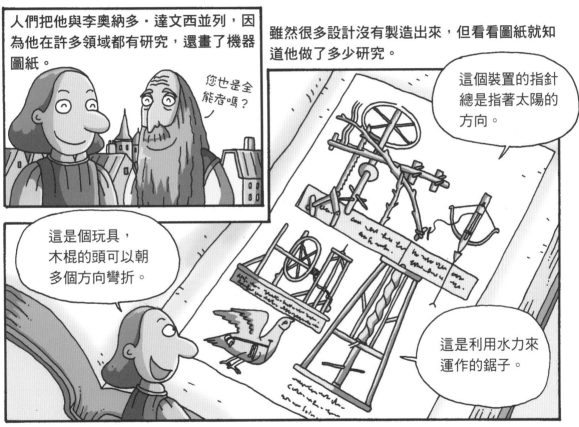

這個裝置的指針總是指著太陽的方向。

這是個玩具，木棍的頭可以朝多個方向彎折。

這是利用水力來運作的鋸子。

而且他是第一位研究永動機的人。

永動機就是：運作後，就算不再施加外力，也能保持運動的裝置。

很多人都夢想著造出永動機，但最後都失敗了。

我也是！

結果到了19世紀，科學界發表出永動機不可能存在的結論，並禁止申請專利。

永動機就像鍊金術，同樣是無稽之談。

可以說，永動機就是這時期探索新能源的證據。

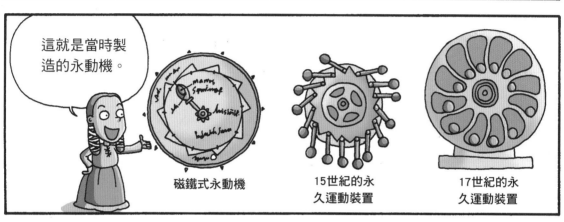

這就是當時製造的永動機。

磁鐵式永動機

15世紀的永久運動裝置

17世紀的永久運動裝置

這個時期的光學技術也很發達。格羅斯泰斯特和培根開始研究理論。

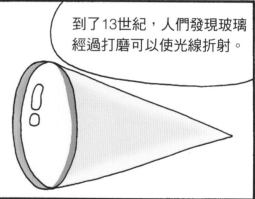

到了13世紀，人們發現玻璃經過打磨可以使光線折射。

所以把圓玻璃打磨成中間凸、邊緣薄的形狀。

因為形狀很像西方的小扁豆(lentils)，所以取名叫「透鏡」(lens)。

人們還用這種透鏡來聚合太陽光線。

滋啦啦～

義大利的索文諾·德格里·阿馬迪首次發現這種玻璃透鏡還有其他用途。

年紀大的人看不清楚近處的東西，

戴上這種透鏡就能看清楚了。我將透鏡加上鏡框，發明了眼鏡。

看清楚了！

啊，好清楚啊！

只要戴上眼鏡，即使年紀大的人也可以工作。於是眼鏡大受歡迎。

但我們很快就知道，並不是所有人都適合戴凸透鏡。

我看得更不清楚了，呃……

近視的人戴上凸透鏡後，看東西會更模糊。眼鏡師傅努力想解決這個問題。

到了16世紀，成功製造了專供近視者使用的凹透鏡。

眼鏡師傅堅持不懈的進行實驗，甚至連學者不太關心的細部也進行研究。

不只眼鏡，其他東西也一樣。機器在產業的比重增加，必須持續整修與改良。

東方技術傳入

造成社會變革的東方發明

從其他國家傳入的發明，對中世紀的技術發展功不可沒。

這是什麼？

這個呢？又是什麼？

重要的發明都來自東方的伊斯蘭國家或中國。

船尾舵

紙

火藥

馬具

指南針

尤其是來自中國的先進技術，大幅提升了西方文化。

中國的文明與西方完全不同，卻更為先進。

無論是哪一項技術，我們都比西方進步1000多年。

中國與歐洲之間雖然沒有官方交流，

但民間還是有旅遊、貿易，以及戰俘交換。

主要是透過伊斯蘭世界傳遞文明。

造紙術、印刷術、指南針、火藥影響深遠，改變了歐洲社會。

真的嗎？

喔，讓人頭暈的東西。

最先傳入的是指南針。

嘖嘖……

第一個使用指南針的是伊斯蘭水手，然後才傳到中世紀的歐洲。

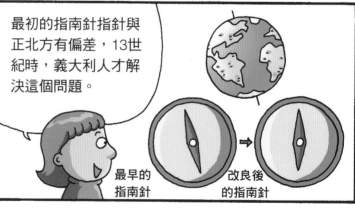

最初的指南針指針與正北方有偏差，13世紀時，義大利人才解決這個問題。

最早的指南針

改良後的指南針

指南針增進了歐洲航海活動。

看不到星星的天氣也能航行！遙遠的海洋不再令人恐懼！

這項發明拉開了大航海時代的序幕。

金子！

新大陸

香料

又發現一塊新大陸！

新大陸？唉，連地圖都沒辦法畫了……

過去製作地圖的方法不適用了，需要新方法。

也刺激了地理學和天文學的研究發展。

紙是中國的蔡倫在105年左右發明的。

把樹皮、魚網及舊布弄碎浸在水中，浸濕後再放入模板，曬乾後就成為紙張。

1150年左右，造紙術傳入伊斯蘭國家。

唐代與伊斯蘭的戰爭中，中國造紙技師成了俘虜。

老老實實的交代！

說出造紙的方法就不會為難你！

1189年左右，造紙術傳入歐洲。

眾所周知，歐洲那時還在使用羊或牛皮製成的羊皮紙和牛皮紙。

洗淨動物的皮後用石灰水漂白，打磨表面至光滑。

製造羊皮紙不僅浪費時間，而且成本高、價格貴。

寫一本書至少需要200張牛皮！

實在太重了……

在印刷術發明前，想要寫書，除了一筆一畫抄寫別無他法。

書籍實在是太昂貴了。

從事書籍抄寫的人被取代。人們對書的需求增加，手寫再快也有極限。

我的手還在嗎？

不知道，不要和我說話！

別吵了，趕快寫啊！

這時，印刷術彷彿彗星般出現了。

印刷術

其實印刷術早已由蒙古人傳入西方。

印刷術也是在戰爭中傳入的。

但當時的人沒有意識到其重要性，沒有加以運用。

無精打采！

印刷術

終於開始使用木版印刷了。

這種方法比較麻煩，需要刻出一塊一塊的模板。

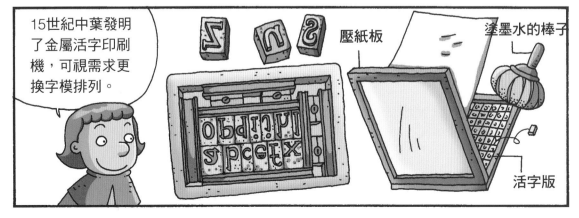

15世紀中葉發明了金屬活字印刷機，可視需求更換字模排列。

壓紙板

塗墨水的棒子

活字版

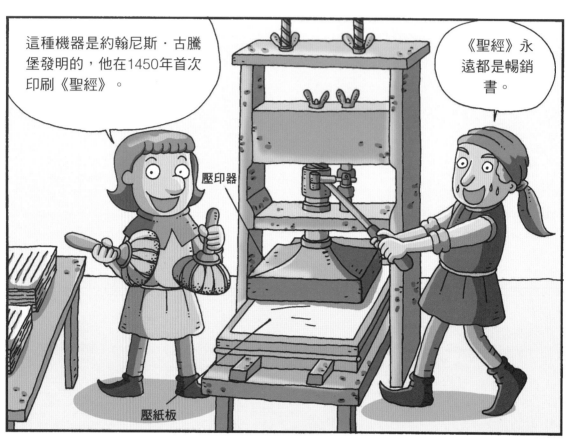

這種機器是約翰尼斯·古騰堡發明的，他在1450年首次印刷《聖經》。

壓印器

壓紙板

《聖經》永遠都是暢銷書。

我能成功的另一個原因是使用顏色重、快乾的印刷墨水。

榨出核桃、松子的油製作油性墨水

古騰堡

嘿～

成功絕非偶然！

造紙術和印刷術改變了許多事。

普通人終於可以買到《聖經》了。然而教會非常反對。

我也讀了《聖經》，書中沒有提到你們說的贖罪券。

這種質疑也是引發宗教改革的主因。

舊教

新教

爭吵不休

另外，那個時期的技師記錄下累積的知識。

原本只有我才知道的……

之前技術與科學是分開的，現在是兩者結合的好機會。

科學　技術

這些改變為17世紀的科學革命注入動力。

文藝復興

科學革命

另一個震驚歐洲的外來發明就是火藥。

歐洲也有類似火藥的武器，是667年由建築師加利尼科斯發明的「希臘火」。

據說他混合硫黃、牛油、生石灰、石油，再從中提煉，但製造方法沒有流傳下來。

中國發明的火藥傳入後，1325年大炮出現了。

這是為了震懾躲在城內攻擊的敵人而發明的。

最初的大炮形狀像個罐子，可以發射箭狀的「炮彈」。

讀到這裡，
你了解中世紀的科學發展了嗎？
現在，讓我們快步奔向文藝復興時期吧！

2

文藝復興時期的科學發展：
近代科學發展的先驅

文藝復興的代表人物

李奧納多・達文西

李奧納多・達文西，1452年出生於義大利。

如果把我的名字拆開，就是生活在「文西城」的李奧納多。

他既是畫家又是工程師，涉略領域甚廣，還具有人文主義思想，成為這個時期的代表人物。

說我是這個時代的代表？

呵呵，你們的眼光還不錯嘛。

這個時代崇尚全能，所以各方面都傑出的達文西就成為代表。

達文西從小就顯露畫畫的天賦，

金獎

小班 李奧納多・達文西

並成為畫家韋羅基奧的弟子，接受藝術教育。

我的老師也多才多藝，既是畫家、雕刻家也是金匠。

啊，我怎麼能落伍呢？

這時期的遠近法和金屬工藝技術，讓他展現出機械工程的才能。

但是達文西並不感到滿足。
為什麼大家都穿寬大的衣服呢？
好看就穿啊，有什麼問題嗎？
嘟嘟囔囔
沒有。
你有話想說吧。
算了，說出來你會生氣的。
不會啦，相信我，快說。
其實我想畫裸體畫。
什麼？你怎麼能有這種想法？
看吧，生氣了吧。我認為想要表現出人體美，就應該畫裸體。
真會狡辯，根本是有別的意圖嘛。
而且，為了了解人的動作和表情，不僅要畫裸體畫，還應該解剖人體。
可怕的傢伙！總有一天會出事！
他還是做了當時禁止的人體解剖。
闖禍了！他居然解剖了30個人！
這時，他想出一本人體解剖書給醫生和藝術家看。
別說解剖，畫畫也不順利。因為這些都是違法的。
如果能不受規範，讓我寫出解剖學知識的書，不就能夠消除無知了嗎？

雖然很多人知道達文西是畫家，

我知道達文西的「蒙娜麗莎」。

你只知道那個吧？

不！所有人都知道！

但他流傳下來的畫非常少。

連沒有完成的作品都算進去，也不過17幅。

才17幅？你太懶了吧？

才不呢，雖然有點自吹自擂，但很少有像我這麼勤奮的人。

這是自吹自擂嘛！

只要是我想知道的，不論建築、天文、動植物、天使、武器、機器，還有科學，我都研究過。

就像品嘗所有能吃的東西。

除了畫，我還有許多表達知識的方式。

好了，知道了！不用說了。

什麼話！現在才算是進入正題！

畫，是將畫家的精神轉換成自然的心情，

成為自然的解說員。

不該去惹他的。

在大自然中尋找法則。

哈~

而且我對自然法則很感興趣。

驚！

那隻鳥為什麼能飛，知道嗎？

因為牠有翅膀啊。

那麼，人如果有了翅膀，能飛嗎？

不可能。

我這幾年一直在觀察鳥的翅膀。

牠們起飛和降落的時候，翅膀角度是不同的。

我都說了不可能的。

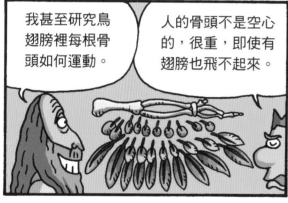

我甚至研究鳥翅膀裡每根骨頭如何運動。

人的骨頭不是空心的，很重，即使有翅膀也飛不起來。

那個我也知道！就算這樣我還是想飛！

別在天才面前裝懂！

所以我經常想著要造飛機。

真的耶！設計圖就有上百張。

直升機、降落傘？呃，這是什麼？

這是利用弓弦張力製造的飛行器。因為人的肌肉不像飛鳥那麼強壯，所以想加以輔助。

飛機製造成功了嗎？

……

我設計的機器多得數不清。

我是問做出來了嗎？

為了得到資金，我還製造許多戰爭武器。

喔，還是失敗了。

比起藝術和發明，統治者比較喜歡製造武器。

失敗了就直說嘛，還兜圈子。

……

結果真正做成功的機器是什麼啊？

……

問到你的痛處了嗎？

那麼，研究成果出了多少本書啊？

……

達文西的設計，只有極少數製成機器，而且都沒寫成書。

欸？怎麼突然哭了？別哭啦。

嗚嗚

嗚嗚

達文西雖然很長壽也非常努力，卻因為想把所有東西都製造出來，反而完成的不多。

現在知道「只挖一口井」★的意思了吧？

★只挖一口井：比喻投入精力專注在做一件事情。

而且達文西不想要出名，也是主要原因之一。

不像很多人把舊的研究成果出成書，老師才是真正的學者。

其實，我是因為沒製造出那些機器才流淚的。

我沒上過大學，所以不會拉丁語，無法讀那些科學書。

真丟臉。

簡單說就是基礎不夠。

即使這樣，你還是畫出了設計圖，真的很了不起。

誇獎你一下，再哭我就不知道該怎麼辦了！

但我覺得沒上大學挺幸運的。

怎麼說？

因為沒有學到錯誤的東西。畢竟當時的教學內容不完全正確呀！

原來是這樣啊。

120

重要的不是我製造出什麼機器，而是我想到什麼。

我知道製造這些新發明需要做多少研究，以及如何不再犯同樣的錯。

為求完美，畫了上百張素描。

我記錄下所有的研究，甚至那些很小的素描。

他的方法被大家有效的運用。

遠近法的運用使繪圖變得快速方便。

這麼好的東西，要學會！

照片發明之前，研究人員就是靠觀察素描進行研究。

動作快點吧，有就不錯了！

這張畫得太差了！

文藝復興的領航者
通往新大路的海上探險

15世紀文藝復興時期,不只是古典文化,對世界也有新發現。

人們才知道原來世界很廣闊。

啊!美麗的新世界!

這是因為14世紀後,經常有人去航海探險。

每次進行新的航線時,都覺得地圖該升級了。

改良了地圖,航海活動就越來越頻繁。

海上探險的領航者,是葡萄牙和西班牙。

這兩國領土狹小,很難再延伸陸地,目光很快就轉向海路。

又不能不用。

而且,從東方買來的胡椒等調味料和綢緞相當物美價廉。

阿拉伯商人從陸路帶來的東方商品都太貴了。

1418年開始航海探險後，

為了尋求用來交換胡椒的黃金，他們開始進軍非洲。

探險家一直航行到非洲海岸線的盡頭。

越來越多人想要開闢通往印度的航線。

我是葡萄牙王子，我太想去印度了，

所以乾脆在西印度群島興辦學校、教育船員、改造羅盤、培養船員的航海技能。

連王子都很積極的要去印度，因為他知道那裡遍地是黃金啊。

哎喲，好好待在家裡，就不用受苦了。

恩里克
(西元1394～1460)

義大利佛羅倫斯的天文學家、地理學家托斯卡內利重新繪製了大西洋的海上地圖。

為什麼需要大西洋地圖呢？

這是為了避開先發現西印度航線的葡萄牙和西班牙。

托斯卡內利
(西元1397～1482)

但他犯了一個錯誤，他認為地球面積只有實際的 $\frac{1}{4}$。

我不知道原來地球這麼大。

托斯卡內利帶著他的地圖，說服了當時葡萄牙國王約翰一世。

只要朝著西邊一直走就能到達印度！

托斯卡內利繪製地圖和德國地理學家貝海姆製作地球儀的目的一樣，就是要說服眾人，向西也可以進行航海活動。

沒有美洲的地圖

相信我一次吧，呵呵。

海的那邊有通往印度的路。

貝海姆
(西元1459～1507)

相信這種說法，並嘗試向西航海的探險者中最著名的是哥倫布。

我不只靠托斯卡內利的地圖，

我還研究古代地理學和希伯來、伊斯蘭、歐洲的資料。

我認為可以挑戰，所以滿懷信心出發了。

但是哥倫布的探險航程比預計的長很多。

到底是哪裡算錯呢？早知道這麼遠，就不出發了。

船長！水也喝光了。

四肢無力

咕嚕嚕

雖然哥倫布以發現新大陸聞名，

我要找的是印度啊！

不是啊，這裡是聖薩爾瓦多島。

但發現新大陸既不是哥倫布的目的，也不是西班牙王室支持他的理由。

這次他花了四倍的錢，還是沒找到印度。

無能的傢伙！

我也不知道發現的是不是新大陸，總之很失落。

沒錯！是我無能！

最後哥倫布發現的新大陸以其他航海家的名字命名。

亞美利哥・韋斯普奇
(西元1454～1521)

是我！從1499年開始，四次登上新大陸的航海家和天文學家！

1507年，德國地理學家瓦爾德澤米勒在書中介紹新大陸時，加上了我的名字。

不久後發現了印度航線。

達伽馬
(西元1469～1524)

既然向西航行失敗了，那就向東試試，要改變想法嘛。

我繞過非洲海岸線，成功到達印度。

印度

雖然途中遇到暴風雨，船上又發生叛亂，

然而，活下來的人買到了廉價的寶石、香料等貨物，都成了富翁。

葡萄牙航海家麥哲倫是第一個實現環球航行的人。

麥哲倫
(西元1480～1521)

我的英語名字叫作Magellan。

我的旅行故事非常有名，所以一定要讀哦！嘿嘿！

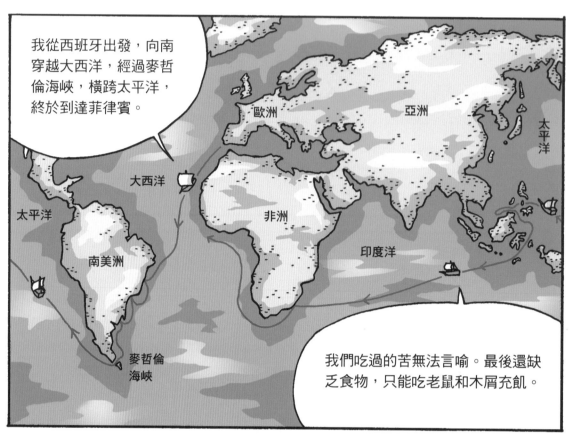

我從西班牙出發，向南穿越大西洋，經過麥哲倫海峽，橫跨太平洋，終於到達菲律賓。

歐洲

亞洲

太平洋

大西洋

太平洋

南美洲

非洲

印度洋

麥哲倫海峽

我們吃過的苦無法言喻。最後還缺乏食物，只能吃老鼠和木屑充飢。

而且麥哲倫在菲律賓被當地土著殺死了。

最後只有16人回到西班牙。

我有沒有說過，我們出發時有207人？

犧牲太大了。但不管怎樣，我實現了環球旅行的願望。

能夠讓人認知到地球是圓的，賠上我這條命也在所不惜。

第二個環球航行的人是英國的德雷克。

雖然我是海盜，但是合法的。所以不要再叫我海盜了。

我主要搶劫來自西班牙和葡萄牙的船隻。

他是領有英國女王許可證的國家海盜。

搶劫到的東西部分要上繳給女王。

真不錯。

他還掠奪了西印度群島的西班牙殖民地。

其他國家都是出動海軍掠奪黃金，但英國沒有海軍，只好辛苦你了。

遵命，陛下！我一定竭盡全力！

1577年，他花兩年八個月成功環球一周。

沿著同一個方向走就對了嘛。

這個時期出現了商船、軍艦等大型木造船隻。

在三根桅杆上掛上大三角帆，就可以逆風行駛，在大海上航行就容易多了。

軍艦上有四根桅杆，並在衝角★裝大炮。

★衝角：為了衝撞敵船，安裝在船頭的金屬部分。

歐洲各國爭先恐後的組建海軍，形成殖民地體制和專制王權的雛形。

為了鞏固王權而組織海軍，形成君主專制國家★。

以殖民地掠奪來的黃金做經濟基礎，強化王權。

★君主專制國家：反對民主，國王擁有絕對的權力。

文藝復興地理

畫出世界的全貌

在哥倫布發現新大陸以前，只有少數人知道地球是圓的。

當然了！坐船出去看看，連小孩子都知道！

但是這個知識沒有反應在理論上。

可能是吧，但他們何時坐過船呢？

在托勒密之後，就禁止繪製地圖。

他們說地球的形狀像個圓盤，以聖地耶路撒冷為中心。

看！多神氣啊！

亞洲

耶路撒冷

歐洲　非洲

即使到中世紀後半期，為了航行地中海，也只繪製海上地圖。

為了十字軍遠征及海上貿易，繪製叫「泊圖蘭」的海上地圖。

這個地圖以羅盤為中心，像蜘蛛網般伸出許多表示方位的線。

進入文藝復興時期，人們翻譯並印刷托勒密的地理書和地圖。

這幅地圖是1482年在烏爾姆*印刷的，是世界最早的木刻版地圖。

正如你所看到的，這幅地圖上沒有新大陸。

人們還不習慣用平面表現地球，有很多地形上的錯誤。

★烏爾姆：德國西南部的城市。

於是人們覺得繪製地圖的方式需要改變。

應該有個新大陸發現圖，還有貿易路線圖。

輪到我出場了！

麥卡托
（西元1512～1594）

我們被稱為麥卡托一族。

兒子

老師

朋友

在佛蘭德斯地區出生的麥卡托學習了神學、倫理學和拉丁語。

不知道為什麼開始懷疑神學，也不認同亞里斯多德的哲學。

那麼，我來教你有趣的東西吧。

神 學

就讀魯汶大學時遇到了弗里西斯。

遇到這個老師，從此喜歡上地理學。

就是這個！

在北海沿岸活動的數學家弗里西斯，利用三角測量法計算距離。

只要知道山的高度和角度，就可以算出距離。

這時的地圖製作，運用了歐幾里德的幾何學。

就像沼澤地那種危險的地方。

有了這種三角測量法，無法去的地方也能知道距離。

還提出用同樣的原理測量海上的經度。

就是用攜帶型計時器★進行測量的方法。

雖然是個好點子，但並不實用。

好用的計時器到18世紀才出現。

★計時器：記錄比賽等的時間測量設備。

129

麥卡托受弗里西斯影響，認真學習數學、地理學、天文學。

數學　地理學　天文學

到了24歲，他已經是有名的雕刻家、書法家，還會製造科學儀器。

我還會自己雕刻木板。

麥卡托和弗里西斯，還有雕刻家兼金匠的米利卡爾開始合作。

成為當時魯汶製作地圖的中心。

我們一起製作了地球儀，在1537年又製作了天球儀。

他們在製作地圖時大膽嘗試。

用優美的斜體文字繪製地圖。

加上新發現的地形資訊。

麥卡托也得到「最了不起的地理學家」稱號。

1540年繪製了佛蘭德斯地圖。

1537年繪製了巴勒斯坦地圖，1538年又用投影法繪製兩顆心形的世界地圖。

麥卡托曾被誣陷為異端份子而被關進監獄。

同時有43人被告發。

因為我關心新教，為了蒐集繪製地圖的資料經常旅行，所以被懷疑是異端。

嘖嘖，我也被誣陷是間諜。

朝鮮地圖的製作者金正浩。

他做了大量的研究……

因為沒有犯罪，7個月後被放了出來。

歐洲地圖　英國地圖　洛林地圖

終於在1569年完成了地圖繪製法。

這就是麥卡托製圖法。

又稱為「圓柱投影法」，運用了幾何學的方式。

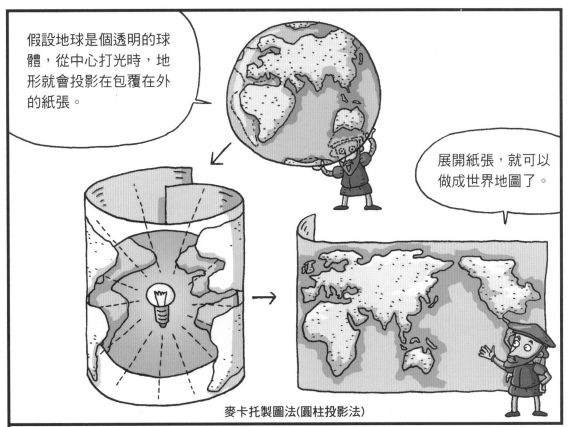

假設地球是個透明的球體，從中心打光時，地形就會投影在包覆在外的紙張。

展開紙張，就可以做成世界地圖了。

麥卡托製圖法(圓柱投影法)

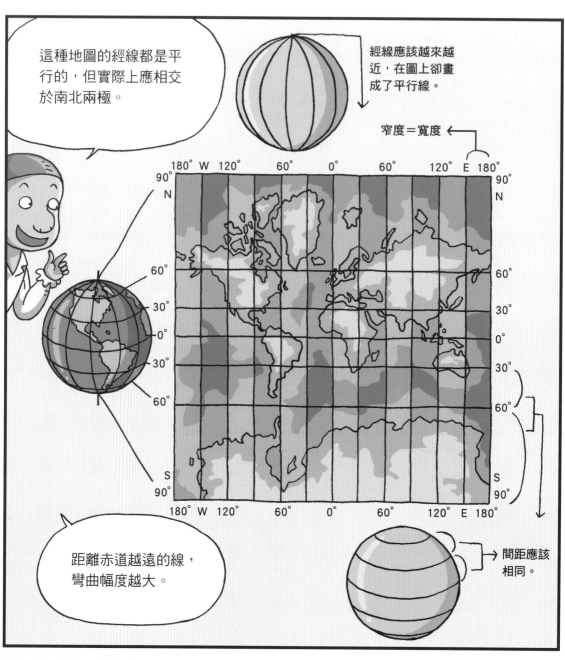

這種地圖的經線都是平行的，但實際上應相交於南北兩極。

經線應該越來越近，在圖上卻畫成了平行線。

窄度＝寬度

距離赤道越遠的線，彎曲幅度越大。

間距應該相同。

由於這種地圖的經緯線正確指出東西南北，

航海人員很常使用。

真是劃時代的發明啊！

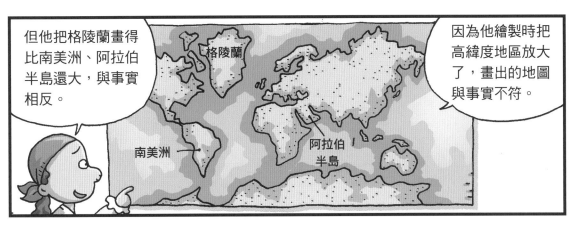

但他把格陵蘭畫得比南美洲、阿拉伯半島還大，與事實相反。

格陵蘭

南美洲

阿拉伯半島

因為他繪製時把高緯度地區放大了，畫出的地圖與事實不符。

即便這樣，這種製圖法還是影響了後人繪製地圖的方法。

簡單來說，就像英語裡的ABC，是不可或缺的基礎。

我改良這種方法，發明了○○投影法。

我發明了△△投影法。

麥卡托的聲名大震。

現在大家都叫我地圖國王。

此後，麥卡托又開始繪製歷史地圖，

這是為了描述自盤古開天以來的歷史。

這本來是托勒密的構想，我再做些修改。

結果還沒完成就去世了。

兒子繼承了我的遺志，完成這項事業。

麥卡托地圖集

直到現在，這本地圖合集仍十分重要。

文藝復興天文學

尋找世界的中心

15世紀大規模的航海探險，再次掀起觀測天文學熱潮。

茫茫大海中怎麼尋找正確的路線呢？

白天觀察太陽，晚上觀察月亮，精確的航海圖就是「救命圖」。

同時，也需要制定出更準確的太陽曆。

日曆顯示的日期與天氣差異越來越大。

日曆上標示為春天，外面卻下大雪、結厚冰。真是受不了！

對於宇宙的認識，雖然有一些新的想法，

說地球是宇宙的中心，好像不是這樣啊。

宇宙中，只有地球有生命體的說法好像也有問題。

可是這些想法並沒有完全被接受，天文學的進展非常緩慢。

真是胡說八道！

你不知道沒有書敢挑戰托勒密理論★嗎？

數學家波伊巴赫與學生為了精確研究天文學，孜孜不倦的計算。

準備好要計算了嗎？

都準備好了，老師。

波伊巴赫
（西元1423～1461）

雷格蒙塔努斯
（西元1436～1476）

★關於托勒密理論，請參考第二冊第91頁。

天文學如果沒有辦法精確計算，就沒有用。

要精準的測量！認真的計算！只有這樣才能預測無法預知的未來。

他們發現托勒密行星理論中的問題。

這部分有錯，還有這裡，還有那裡。

還有那張地圖！

刷刷刷……

兩人開始小幅修正托勒密理論。

我的弟子啊，只有靠你了。

唉～如果我不是38歲就去世，一定可以改正更多。

波伊巴赫的工作由學生雷格蒙塔努斯繼續完成。

你有沒有繼續完成剩下的部分？要是沒有，我死也無法瞑目啊。

啊！我知道了。拜託您不要出來嚇人，老師！

雷格蒙塔努斯的努力有了成果，他在1463年出版《概論》。

這是比托勒密的《天文學大成》更加精準的書。

書中增加托勒密之後的天文學觀測成果，並改正了托勒密的計算。

明確指出托勒密理論中需要改善的地方。

確實是……

修改了。

是應該修改呢。

各階層人士

對宗教界也產生了影響……

在當時，雷格蒙塔努斯想要出書是十分困難的。

這個……要在書中加入插圖非常花錢。

印起來很麻煩。

直到1471年，在德國紐倫堡遇到了商人瓦爾特，在他的援助下，

是嗎？到底有多困難？

嗚嗚～

建造了有天文台和印刷廠的房子，並埋頭鑽研，準備出書。

還需要什麼儀器儘管對我說。

現在你可以安心的觀測了。

現在，無論是天文觀測還是出版，都可以照我的意思嗎？

這也是德國第一座天文台。

雷格蒙塔努斯和瓦爾特利用各種天文儀器進行觀測。

這是軍用的天球儀。

以地球為中心的稱為「托勒密天球儀」，以太陽為中心的稱為「哥白尼天球儀」。

當然，我研究的還是托勒密理論。

他們觀察彗星的紀錄，驗證200年後的哈雷彗星。

人們通常以迷信的角度看待彗星。

是啊！大家不認為研究彗星是純粹的科學。

我們可不那麼想！

兩個人合著的數學和天文學，觀點和結論非常準確。

但由於當時的出版社都是由商人經營，

書中的印刷錯誤百出。

1474年出版的《星曆表》，對哥倫布和達伽馬這些探險家來說非常實用。

1490年4月1日火星的位置大概在……

喂！可以推測天體運行的書非常有用吧？

沒錯！

後來，雷格蒙塔努斯受到教皇的邀請去羅馬。

這回要徹底修改舊月曆。

但沒有想到，他竟然死在那裡。

這次輪到我託付你們了。知道我要你們做什麼嗎？

知……知道。是不是要我們繼續觀測和研究？

請相信我們吧！

杜勒
(西元1471～1528)

這時候哥白尼登場了。

主角總是時機成熟才出現！

哥白尼
(西元1473～1543)

這時近代的天文觀測資料已經非常豐富了。

托勒密的天文學理論早該被證明是錯的，相關資料應該很多了。

問題是該怎麼整合這些資料！

哥白尼是個孤兒，由當主教的舅舅撫養長大。

我準備安排你到教堂工作，你先去大學學習古籍和數學。

是，舅舅。

但哥白尼對天文學產生濃厚的興趣。

古籍、數學、法學、醫學和天文學……你是不是修太多科目了？

沒關係，很輕鬆。

等到哥白尼成年後，就正式研究天文學。

聽說他自己建造了一座天文台。

好高啊，真是出鋒頭。

比起天文觀測，哥白尼投入更多精力計算行星位置。

儘管托勒密進行了繁瑣的計算，但仍然算錯了行星的位置，原因很複雜。

我不能忍受這種失誤。一定有更簡便的方法，能接近實際觀測結果。

過程中，哥白尼突然有另一個想法。

等一下，古希臘人曾主張過「日心說」的理論。

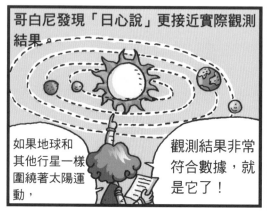

哥白尼發現「日心說」更接近實際觀測結果。

如果地球和其他行星一樣圍繞著太陽運動，

觀測結果非常符合數據，就是它了！

因此，哥白尼當然選擇了「日心說」理論。

就連預測行星位置也非常簡單，我當然要選擇這個理論。

但是……麻煩也隨之而來！

和過去一樣，宗教的力量非常強大。

人類是神依照自己的樣子造出的生物。

人類的地位僅次於天使，是地球上最優秀的物種。

因此，人類生活的地球一定是宇宙的中心……

你竟敢把其他的行星與地球放在同等級？

日心說與當時的觀念完全不同。

你知不知道你做了什麼？

地球和人類是宇宙的中心，你竟然把它們貶得一文不值！

不僅如此，你還推翻以地球靜止為準所制定的物體運動規律。

哥白尼早料到會遭受眾多批評，就提出權威的「赫爾墨斯主義」★反駁。

我認為太陽才是宇宙的中心。

赫爾墨斯主義也認為太陽是宇宙的燈火，是心靈的中心。既然是由太陽主導，為何無法接受太陽為中心的理論？

當時的赫爾墨斯主義受到許多學者推崇。

★赫爾墨斯主義(heremeticism)：鍊金術等神祕學說的始祖。

哥白尼對發表理論很慎重。

這些理論如果出書，一定會有生命危險。

該怎麼辦呢？

哥白尼先把日心說整理成小論文送給一些人看。

你好，我寫了一篇論文，能幫我看看嗎？

是嗎？好，給我看看。

不知道願不願意看……

整體而言，大家對論文的反應很不錯。

好像還不錯，對嗎？

我覺得很好。

豎起耳朵聽……

還有人積極的要求哥白尼出書。

我是你的支持者！

威登堡大學的數學教授瑞提克斯不停勸說哥白尼，

這麼優秀的理論一定要出版才行！

我還沒有考慮好。

終於成功說服哥白尼出書。

不要說這麼洩氣的話！

如果你不答應，我就要不停的哭！

知道了，我知道了！

奠定近代天文學基礎的《天體運行論》出版了。

1543年是歷史上非常重要的年份。解剖學家維薩留斯的《人體結構》也在同年出版。

人體結構
維薩留斯

天體運行論
哥白尼

可是，社會上並沒有出現哥白尼擔心的反對和質疑。

怎麼還不爆炸呢？我反而更不安。

這種情況有許多原因。

首先是這本書的前言。

前言是由負責出版事宜的歐西安德寫的。

前言
歐西安德

歐西安德先生，請到這邊來一下。

通常前言都是作者寫的，這次為什麼由您撰寫呢？

我認為和平是最重要的。這本書的出版其實相當危險。

我認為把科學當作一種假說來看就足夠了。

天體運行論

哥白尼

所以我在前言中很謙虛的寫道：「書中的理論只是一種假說。」

你有得到哥白尼的同意嗎？

沒有，那時候哥白尼先生和我相隔很遠，

而且他生病了……

所以我自作主張。還是那句話，和平最重要。

讀者看了就會認為，書中有關宇宙的描述並不完全真實，

只是為了讓觀測結果符合計算數據的假說。

正因為如此才沒有引起很大的波瀾。

事實上，這本書除了日心說理論，沒有其他特別的觀點。

因此沒有理由挑起事端。

實際上，哥白尼的理論與地心說沒有太大差異。

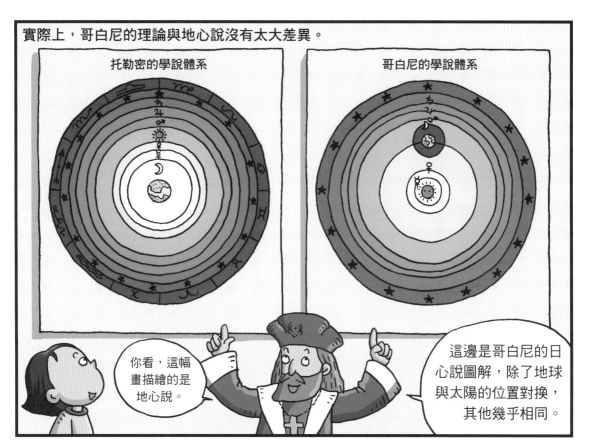

托勒密的學說體系

哥白尼的學說體系

你看，這幅畫描繪的是地心說。

這邊是哥白尼的日心說圖解，除了地球與太陽的位置對換，其他幾乎相同。

雖然周轉圓數量由80個減少到48個，但是仍使用周轉圓。

星星也和從前一樣被固定在天球上。

書中也沒有對反對日心說的意見提出辯解。

照你的說法，如果地球會運動，應該會常刮東風。

事實上並沒有經常刮東風啊！

……

沒辦法回答吧，如果地球會自轉，被拋起的石頭應該要落在西邊吧，你要如何解釋。

可是你拋一塊石頭試試看，是落在西邊嗎？

……

還有，如果地球在轉動，每年看到的星星位置應該不一樣。實際是這樣的嗎？

啊，這個……是因為星星距離太遙遠，運動產生的距離很難用肉眼看出來。

是嗎？真的是這樣嗎？為什麼神要把星星放在那麼遠的地方呢？

我怎麼知道！

其實，像上面那些問題，從「周年視差」的角度來解釋就很容易理解。

別忘了我生活在文藝復興時代。

周年視差：
人與星星距離太遠，星星的位置看起來好像沒有變化。如果每6個月對距離較近的星星拍照，並與更遠的星星比對，就會發現位置是有變動的。透過移動角度來測量移動距離就叫作周年視差。周年視差是證明地球公轉最有力的證據，也是測量地球與較近星星距離的重要方法。1838年，德國天文學家貝塞爾首次運用這種方法測量距離。

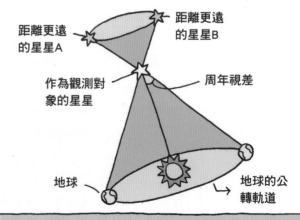

距離更遠的星星A

距離更遠的星星B

作為觀測對象的星星

周年視差

地球

地球的公轉軌道

由於無法提出令人滿意的答案，哥白尼的理論遭到質疑。

有人說，第谷·布拉赫的理論又退回地心說，也是因為哥白尼。

因此這本革命性著作並沒有獲得迴響。

這本書真是荒謬！

人們開始批判這本書的時候，哥白尼已經去世了。

仔細想想，這理論真是無知又危險！

把那個傢伙抓起來！

嘻嘻，我已經死了，看你怎麼抓。

然而科學仍然按照哥白尼所指引的方向發展。

請走這邊

後來的科學家完成了日心說理論。

日心說

而產生這個革命性理論是一位勇敢的科學家和時代氛圍促成的。

文藝復興時代，我們感謝你！祝福你！

文藝復興時代是接受新事物，並不斷發展的時代。

這時候的天文學已經開始近代化。

文藝復興數學

系統化的數學符號

文藝復興時期，數學開始應用到生活中。

商業中使用的代數，

以及繪製地圖和繪畫遠近法中使用的幾何學。

隨著阿拉伯和古希臘古典書籍的數學理論傳播，

花剌子密代數

歐幾里德幾何學

哇，真是奇妙！

阿拉伯數字開始占有重要的地位。

經過300多年的較量，阿拉伯數字戰勝了羅馬數字。

哇！

「三角學」起源於古希臘，後來經由伊斯蘭數學家證明。

三角學就是利用三角形的角與兩邊比例的計算方法。

最初研究三角學是為了測量，古希臘哲學家泰勒斯是首位使用者。

而最初的三角學概念是在1595年由皮蒂斯楚斯提出的。

到了文藝復興時期，被天文學家延伸。

我出了專門介紹三角學計算理論的書。

我在老師您的基礎上增加了圖示。

三角學對天體觀測有很重要的意義。

波伊巴赫

雷格蒙塔努斯

代數則在義大利重視文化的風氣中發展。

當時的義大利是東西方的交通要道，文化氣圍濃厚，工業也很發達。

數學？我也想學一學。

我也要學！

從他們的對話可以看出，越來越多人想要學習數學。

隨著這股數學熱潮，在1472～1500年間就有214種數學書出版。

生意真好啊♪

學者透過討論和數學競賽的形式，找出很懂數學的人。

請注意，數學競賽馬上就要開始了！

數學競賽

大家都知道規則了吧？最快算出答案的人就是優勝者。

優勝者不僅可以獲得名氣，還可以得到豐厚的獎金。

沒想到，這種比賽反而阻礙了數學書籍的出版。

對數學家來說，如果他們發現了可以快速解決問題的方法，

反而會非常苦惱。到底是該出書成名呢？

理論道

還是到競賽中贏得獎金？

第XX屆數學競賽

真是讓人頭疼啊！

了不起！

這題目是怎麼解的呢？

獎金

可是不發表又怕被別人捷足先登，所以多數人選擇參加數學競賽。

還是選這邊吧！

數學競賽

代數是古代埃及人為了解方程式而創造出的理論。

經過希臘時代和伊斯蘭時代的研究，已經找到了二次方程式的解法。

不過還沒有用文字記錄。

到了文藝復興時期，數學家不斷研究三次方程式的解法。

數學比賽當中經常出現三次方程式的題目。

三次方程式題目

首先解決了三次方程式的人是費羅。

我是參加競賽的選手……

我在波隆那大學當了30年的數學教授。

費羅
(西元1465～1526)

他解決的是不包括平方根的三次方程式。

平方根就是像這樣的問題。

$x^2 + 3px + 9 = 0$

他也沒有公開解法。

費歐爾
(西元15世紀)

我的學生，這解法只教給你。你一定要認真學，要非常熟練。

謝謝您，老師！

可是，這時候卻有其他人發現了三次方程式的解法。

最慘的是，那個人的解題方法就是在我舉辦的數學競賽中發表的。

而且有平方根的題目他也可以解。

那麼難的問題他都解決了，太不公平了！

哇喔～

他是誰呀？

解決這個問題的人就是塔爾塔利亞。

他的原名是尼科爾・豐塔納。

塔爾塔利亞
(西元1499～1557)

他小的時候，祖國義大利正處於戰爭。

父親戰死，他的下巴也被砍了一刀。

僥倖撿回一命，但刀傷使他說話結結巴巴的，從那以後他就被叫作塔爾塔利亞(義大利語的「口吃者」)。

小時候他生活非常困難。

只要存夠了錢就送他去讀半個月的書。

唉～自從他撿到一本詞語練習本後，就總是邊讀邊練習。

家裡沒錢買紙，這孩子還在公共墓地的墓碑上練習寫字。

是節儉又刻苦的孩子。

努力學習的塔爾塔利亞後來在米蘭開了「數學商談」的小店，專門解決數學問題。

他的工作就是幫人解決數學難題。

數學實用化宣言

透過為人解決數學相關問題來餬口。

我負責發射炮彈。如果想要炮彈射得最遠，要選什麼角度發射呢？

還有我，我的工作是打撈沉船。

喂！別插隊！是我先來的。

塔爾塔利亞確實是有才能的數學家。

他首次把數學應用到「炮術學★」中。

他透過數學方法解決了許多實際問題。

新科學

各種問題與發明

論數字和度量

後來塔爾塔利亞的三次方程式解法會出名，是因為與數學家卡爾達諾爭論誰是發明者。

卡爾達諾
(西元1501～1576)

★炮術學：研究操縱大炮技術的學問。

147

這場爭論是卡爾達諾引起的，他從塔爾塔利亞那裡學到三次方程式的解法。

我不會告訴任何人，教我那種方法吧。

我太想知道了，連覺都睡不好，您一定能理解我的心情吧？

拜託！

可以教我嗎？

可是他卻違背承諾，公開發表了解題方法。

這麼好的方法一定要告訴大家。

即使我會被說不守信用。

因此，卡爾達諾被當成是第一個發現三次方程式解法的人，而聲名大噪。

不，不是我。所有功勞都是塔爾塔利亞的。

我是個有良心的人。

即便這樣解釋，還是有人說卡爾達諾也參與了解法。

但塔爾塔利亞受到這件事的打擊，發瘋了。

卡爾達諾是所有數學家中性格最古怪的，關於他的趣聞很多。

其實沒什麼有趣的，也許是我娶了山賊的女兒？或是被叫作賭鬼、騙子？

哦，如果與耶穌的受苦經歷相比，進監獄只是小意思罷了。

他可說是瘋狂的天才。

文藝復興時期的人不僅對所有的科學理論感興趣，

數學、醫學、物理學、機械學、宗教、哲學、音樂……

甚至對經商也……

而且在各方面都很出色。

發現投射物體的運動軌跡是拋物線。

還發現了恆久運動不可能存在，

以及真空狀態的存在。

卡爾達諾最有名的著作是1545年出版的《大術》。

書名翻譯成拉丁語就是「初次使用的重要代數論文」。

這本書中記載了三次方程式的解法。

他在書中首次使用「代數」這個概念。

虛數

三次方程式

簡單的說，就是創立了代數，並提出虛數的概念。

和包括平方根的三次方程式解法。

書中有提到高次方程式中「根的數目」概念嗎？

一個根以上的方程式，解法不只一個。

他還寫了一本有關概率的書，但是死後才出版。

你們都知道我是賭鬼吧？為了贏錢我做了不少研究。

概　　率

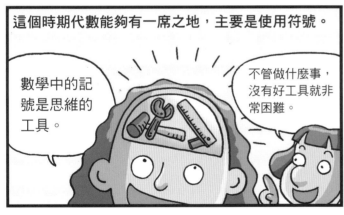

這個時期代數能夠有一席之地，主要是使用符號。

數學中的記號是思維的工具。

不管做什麼事，沒有好工具就非常困難。

那時候根本沒有現在常使用的＋、－等符號。

這是什麼，十字架嗎？

例如，想表示加法只能用文字敘述。

即便簡單的計算也要用複雜的句子表示，只要稍有差池，意思就完全不同。

1加2等於3。
3加4等於7。
7減3等於4。

因此，科學家下了不少功夫，把數學符號系統化。

學者魏德曼發明加和減的符號。

1489年，在《快速準確計算交易額的交易法》書中首次使用加減號。

魏德曼
(西元15世紀)

表示正數和負數的符號，被後來的學者定義為加號和減號。

4＋5
4－17
3＋30
4－19
3＋40
3＋20

帕西奧利和史提非等學者，開始隨心所欲創造符號。

$\sqrt{} \rightarrow \text{Bz}$
$+ \rightarrow \text{p}$ $- \rightarrow \tilde{\text{m}}$

創造出這些符號供計算時使用。

帕西奧利
(西元1445～1510？)

李奧納多·達文西

他是我的朋友，是不是很有想像力？

我用符號表示未知數。

史提非
(西元1487～1557)

邦貝利是建築師兼數學家。

這時期大家都很熱衷學數學。

邦貝利
(西元1526～1572)

他寫了關於代數的論文。

許多內容參考了戴奧弗多斯★的著作。

但論文缺乏獨創性。

★戴奧弗多斯：古希臘數學家，被譽為「代數之父」，是《數論》的作者（請見第二冊第75頁）。

他的論文增加了戴奧弗多斯著作在歐洲的知名度。

也有助解開三次方程式。

我用符號表示「未知數的次數」。

「等號(=)」是由英國數學家羅伯特‧雷科德率先使用的。

我使用的是比較現代的符號。

平方根 √
立方根 ∛
等號 =
加號 +
減號 −

雷科德
(西元1510？～1558)

他的著作是實用數學的代表作……

都是日常生活中會遇到的問題。

技術的基礎

才幹與知識的研磨

非常暢銷，對於數學教育影響很大。

這些書都是用英語寫的，

而且編排成對話的形式，很容易理解，所以大受歡迎。

雷科德在筆算★的同時，也肯定了算盤的作用。

→《技術的基礎》

當然，以數字計算更方便、準確。

但不識字的人，或者是沒有筆和紙的時候，也應該使用算盤。

★筆算：利用數字進行運算的方法。

韋達是法國的數學家、法學家，對代數很有研究。

我是解讀暗號的奇才！

韋達
(西元1540～1603)

我在1591年出版第一本用符號標示代數的書。

裡面列出方程式的多種解法。

解析方法入門

我原本是想找出暗藏在數字中，沒被發現的計算原理。

結果卻解出未知數。

最常見的方程式是由字母代替未知數的等式。

用A、E、I、O、U來表示未知數，

而已知數則用輔音的大寫字母表示。

151

文藝復興醫學

解剖學的發展

文藝復興時期的醫學促進了近代科學發展。

嘿嘿……

我們醫生可以說是自然科學的代表。

為什麼這麼說呢？

這與醫學的本質有關。

中世紀時，理論與應用根本是兩回事。

舉例來說，

假設有一位研究力學的學者，研究如何提高水車效率。

這位學者非常了不起，要說他怎樣了不起……

請不要吃驚，他了不起的地方就是他沒見過製造水車的工匠。

呵呵，不好意思，但是其他人也是這樣啊！

學問就是要結合理論和應用。可是連面都沒見過……

這種裝置怎麼樣？

嗯，用起來可能不怎樣。

科學技術

親身體驗

相較之下，醫學有較多的學問交流。當然，一開始並不是這樣的。

醫生只負責監督，由理髮師執行手術。因此醫生並不熟悉人體。

無論理髮師做過多少人體解剖，但因為不懂拉丁文，也無法發展出理論。

文藝復興時期開始發生變化。

受我的影響也很大！

醫生開始動手解剖，並用圖表記錄結果。

沒有人畫得比我更好。

解剖的發展主要以義大利為中心。

看那裡！地圖上我弄出皺褶的小村莊。

維薩留斯1543年出版的《人體結構》詳細記載解剖的結果。

真是一本重要的書。可算是解剖學革命性的著作吧？

讓我看看！

出生於佛蘭德斯地區的維薩留斯，在19歲時到法國巴黎留學。

他從小就喜歡解剖小動物。

這孩子太殘忍了！

維薩留斯
(西元1514～1564)

他的潛力獲得了肯定，23歲時就到帕多瓦大學當教授。

聽說他喜歡蒐集屍骨。

長大後還是那麼殘忍！

他從不把解剖任務交給助手，總是親自動手。

教授在做什麼？

滿足自己的解剖欲望吧！

經過無數次的解剖實驗……

……

怎麼了？

153

他確定自己找到蓋倫*理論和《聖經》中的錯誤。

……

他說什麼？

他說蓋倫的解剖對象不是人，而是猴子。

★關於蓋倫的故事，請參考第二冊第104頁。

維薩留斯的研究從不缺屍體，

帕多瓦法庭的法官委託他執行死刑，讓解剖研究得以順利進行。

還需要什麼嗎？為了配合你，我可以調整死刑的時間。

因此讓他成為解剖人類學的先驅。

五種不同人種的頭蓋骨比較。

這些都是非常珍貴的收藏品。

這些解剖研究也成為《人體結構》的基礎。

他決定寫一本新的解剖學教材。

材料夠多了……

為了這本書，他不惜耗去大量時間和金錢。

他甚至乘船過海去找最好的印刷工匠。

維薩留斯雇用畫家提香的徒弟來畫插圖。

還特別強調要細繪人體實物圖。

這本書出版後，引起很大的爭論。

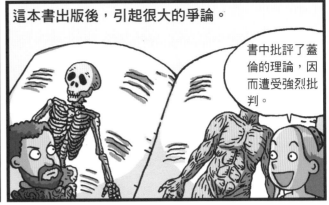

書中批評了蓋倫的理論，因而遭受強烈批判。

書中把人體分為骨骼韌帶、肌肉、脈絡、神經、腎臟、大腦等部分。

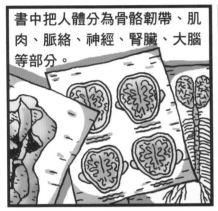

他透過解剖發現心臟瓣膜。

右心室　左心室

靜脈血

動脈血

生命元氣

蓋倫說心臟瓣膜或是生命元氣會使靜脈血液轉為動脈血液。

維薩留斯雖指出蓋倫血液循環說的錯誤。

他解剖心臟瓣膜，發現裡面是很厚的肌肉，沒有隔膜。

他雖然推翻了蓋倫的學說，

證明蓋倫的理論是錯的。

但沒有找到取代蓋倫血液循環的理論。

雖然他沒找到，但他聽一位朋友提過血液小循環。

解決這個問題的人是塞爾維特，來自西班牙的神學家、醫學家。

沒錯！我就是那位朋友。

塞爾維特
(西元1511～1553)

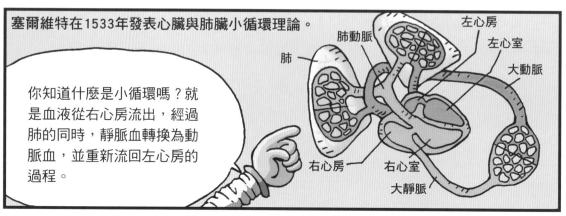

塞爾維特在1533年發表心臟與肺臟小循環理論。

你知道什麼是小循環嗎？就是血液從右心房流出，經過肺的同時，靜脈血轉換為動脈血，並重新流回左心房的過程。

肺動脈　左心房　左心室　大動脈　肺　右心房　右心室　大動脈　大靜脈

因此，他被認為是最早解釋小循環理論的近代人。

真是慚愧。其實早在13世紀，伊本‧納菲斯★就提過這理論。

你們知道為什麼這時代沒人發現血液循環學說嗎？

為什麼又是我？

蓋倫先生請來這邊一下。

因為蓋倫錯誤的理論長期主導西方學術界。

★關於伊本‧納菲斯的故事，請參考第二冊第159頁。

根據蓋倫的說法，人體有三種血液。

動脈血　靜脈血　神經液

這三種血液有不同的區分標準。

腦　產生神經液　＋　動物元氣　→　感覺功能

心臟　產生動脈血　＋　生命元氣　→　運動功能

肝　產生靜脈血　＋　自然元氣　→　營養功能

然而，血液互換的想法，完全推翻蓋倫的學說。

竟敢推翻我的理論？

不僅是你，連亞里斯多德類似的說法也被推翻了。

我提出的物體圓周運動，只有在所有星球都在同心圓軌道運作，才可能發生。

記下來吧！

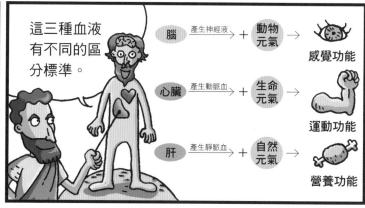

156

啊？天體與血液循環有什麼關係？

真是討厭的傢伙。

就是說，自然界不可能出現像圓周運動那樣的理想狀態！

是啊！是啊！）

受到這兩位著名科學家的影響，始終沒有發展出循環學說。

塞爾維特發現小循環與他獨特的神學觀有關。

請相信我。我的科學是建立在信仰上的。

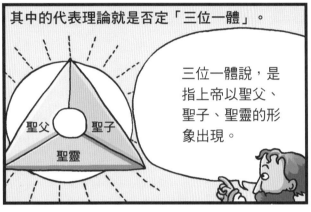

其中的代表理論就是否定「三位一體」。

三位一體說，是指上帝以聖父、聖子、聖靈的形象出現。

聖父　聖子

聖靈

但我不認為。聖子為何能永生不滅？聖靈不就是神的呼吸嗎？

上帝

聖子

聖靈

這個想法否定了蓋倫區分三種血液的理論。

根本就行不通！

在這樣光榮的軀體中，為何有其他的魂或體液存在呢？

我這樣說是因為所有創造物都存在造物主的光榮與力量。

因此我大膽提出動脈血與靜脈血是同物質的假設。

有了「同種血液」的思維，就很容易解釋循環說。

不可能！鮮紅色的動脈血和暗紅色的靜脈血怎麼會是同種物質？

空氣中有神的呼吸，對吧？看到了嗎？沒看到。那你就想像一下！

人呼吸時空氣進到肺裡，所以也會吸進神的呼吸。

吸進去的空氣在肺裡與血液結合。沒錯！就是神的呼吸轉化了靜脈血。

哈利路亞

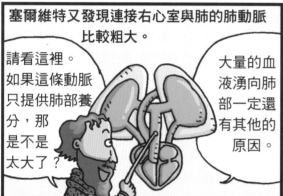

塞爾維特又發現連接右心室與肺的肺動脈比較粗大。

請看這裡。如果這條動脈只提供肺部養分，那是不是太大了？

大量的血液湧向肺部一定還有其他的原因。

他推測血液是在肺部進行循環的。

我認為血液是藉由空氣得以更新和清潔。

他的小循環理論完成了。

然後從肺中流出的動脈血，經過肺靜脈回到左心室。

肺動脈　肺靜脈　肺　大動脈　右心室　左心室　大靜脈

但塞爾維特被當成異端處以火刑，而他的學術理論也沒有被發揚。

我哭不是因為自己被燒死，而是我的書也被燒掉了。

小循環理論再次出現，是由帕多瓦大學解剖學教授呂亞爾都斯·哥倫布提出的。

塞爾維特的理論雖然有趣，卻很難引起解剖學家的關注。

因為他並沒有親自做過解剖。

呂亞爾都斯·哥倫布
(西元1516～1559)

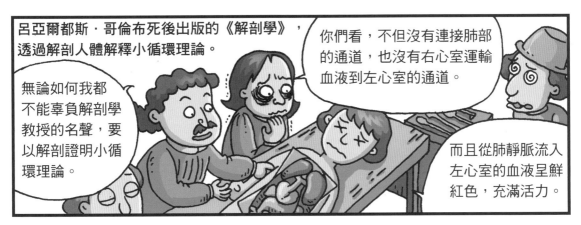

呂亞爾都斯·哥倫布死後出版的《解剖學》，透過解剖人體解釋小循環理論。

無論如何我都不能辜負解剖學教授的名聲，要以解剖證明小循環理論。

你們看，不但沒有連接肺部的通道，也沒有右心室運輸血液到左心室的通道。

而且從肺靜脈流入左心室的血液呈鮮紅色，充滿活力。

因此血液的「活性」是在肺部完成的。

這時的解剖學發展速度超過以往任何時期。

老師，這是什麼？

年輕人眼睛真尖！

嗯……那個……書中沒有提到……

這裡介紹兩位因解剖學而成名的人。

歐斯塔基奧
(西元1524～1574)

法羅皮奧
(西元1523～1562)

歐斯塔基奧是羅馬醫科大學的教授，著有《解剖學圖譜》。

書中的銅版畫非常精美，超越了維薩留斯的《人體結構》。

真耀眼啊，一定要好好看看！

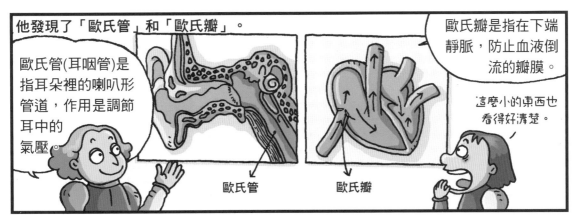

他發現了「歐氏管」和「歐氏瓣」。

歐氏管(耳咽管)是指耳朵裡的喇叭形管道，作用是調節耳中的氣壓。

歐氏管

歐氏瓣

歐氏瓣是指在下端靜脈，防止血液倒流的瓣膜。

這麼小的東西也看得好清楚。

法羅皮奧是帕多瓦大學的解剖學教授，

不是只有眼睛大的人才會發現！

為了捍衛解剖學的傳統，我會努力的！

他的研究涉及解剖學的所有領域。

特別是骨骼方面的研究。

且對女性生殖器官的研究有傑出的成就。

輸卵管

我發現了向子宮輸送卵子的輸卵管。

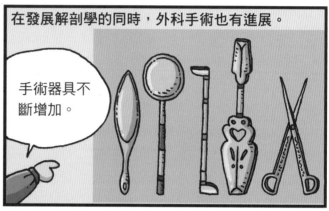

在發展解剖學的同時，外科手術也有進展。

手術器具不斷增加。

這個時期最有名的外科醫生是法國的理髮師帕雷。

他被稱為「近代外科之父」。

帕雷
(西元1510～1590)

他在巴黎的大醫院和戰場上累積許多經驗。

把傷患當成實驗對象研究。

無論什麼時代，戰爭都會促進醫學的發展。

他對改良外科手術很有貢獻。

啊～～～

當時是以滾燙的油澆在槍傷傷口上消毒。

我想讓那位醫生醫治！

到這邊來！

其實槍傷本身沒有毒，用鎮靜療法的效果更好。

對於被砍斷的傷處……

情況危急！血不停的流！

當時的止血方法是用燒紅的鐵桿燒灼傷口。

幫我點火好嗎？不，快點去把鐵桿拿來吧！

其實有比灼燒動脈更好的方法。

像這樣。

帕雷還解決了難產的問題，

若無法順利生產，只要調轉胎兒的方向就可以了。

是不是很痛？

痛死了～

並且做出了非常精巧的義肢。

用機械製造出來的義肢。

哇，真是奇妙！

在那個時代，雖然手術中會用到麻醉劑，

麻醉劑是用大麻、鴉片等草藥的根莖混合製作的。

但藥效如何，不敢保證。

在18世紀乙醚出現前，都沒有更有效的麻醉藥物。

有時麻醉劑甚至會有致命的副作用……

啊

真是的！又清醒過來了，快抓緊他。

是不是很痛啊？

16世紀的外科手術

文藝復興時期的醫用化學非常發達。

古代人認為生病並不是外在原因引起，

而是四種體液不均衡所導致。

而且相信體內有恢復正常比例的能力。

在希波克拉底★的時代，不會補充營養或充分休息，也不使用藥品。

想吃點什麼嗎？

★希波克拉底：古希臘時代醫師，後人尊稱為「醫學之父」（請參考第一冊第167頁）。

到了蓋倫的時代，患者透過服藥來恢復體液均衡。

那時候的人主要使用由六、七十種物質混合製成的萬能藥。

這種藥的材料大多取自生物體。

吃吧！對你的身體有好處。

太難吃了，這是什麼做的？

其中有許多對人體有害的物質。

有動物的血、膽汁、老鼠尾巴，還有……

嘔……

這種藥的成分很少取自礦物。

主要是因為古代科學家很少關注化學物質。

中世紀的鍊金術士很想把化學應用到醫學領域。

帕拉塞爾蘇斯是最成功的人。

我名字是指我比古羅馬醫學家塞爾蘇斯還偉大。

什麼，你問這名字是誰取的？當然是我！

帕拉塞爾蘇斯
(西元1493～1541)

他的本名是菲利普‧馮‧霍恩海姆。

他是出生在瑞士的神學家、醫學家和自然學家。

我說我叫帕拉塞爾蘇斯。

據說他是個偏激卻很有熱情的人。

想要學什麼，無論跑多遠都要學到。

我還邀請外科醫生或藥劑師來講課。想減少技師和學者的衝突！

他討厭權威且不拘於傳統。

打破以拉丁語授課的傳統，改用德語。

講課前會舉辦酒會慶祝。還要燒掉伊本‧西那★和蓋倫★的書。

主要是因為他想改革宗教。

就像宗教改革的主張，想回到原本純粹的基督教，

我也為了純粹的醫學而奮鬥。

★關於伊本‧西那的故事，請參考第二冊第154頁。　★關於蓋倫的故事，請參考第二冊第104頁。

基督教改革的中心思想就是打破階級制度。

地球上所有的物種都是獨立且平等的。

帕拉塞爾蘇斯的自然認知也有點類似這種說法。

自然界所有的生物彼此都是獨立的。

也許可以說，只有生物體內的生命力在作用？

因此人類並不是被廣大宇宙支配的生物，

而是由自由的物質形成的小宇宙、小世界。

那是什麼？好像是……

163

這些自由的物質具有進化的力量。

我把這種力量以土地精靈的名字命名為「元氣」。

這孩子體內正在把食物的營養轉為人體組織。

嘿喲，嘿喲！

世界上有許多元氣，因為形成方式不同，成了不同個性的生物。

不喜歡完全相同的東西！

我也是！

我喜歡什麼樣子呢？

而且我認為生病也是因為元氣，元氣是所有生命的源頭。

咔咔咔咔

疾病元氣攻擊人體，並與體內元氣戰鬥。

鏘鏘

這時如果補充疾病元氣討厭的物質，身體的元氣就會制服疾病。

而疾病元氣討厭的物質就叫作特效藥。

感動！

我要做的就是研究礦物質和食物，製造出特效藥。

帕拉塞爾蘇斯重新定義鍊金術的概念，

鍊金術就是把自然原料轉換成對人體有益物質的科學。

絕不只是鍊製黃金！

所以，烹煮肉類的廚師、

用礦物鍛造金屬的冶煉工人，

像我這樣製造藥物的人，都可以稱為鍊金術士。

使得鍊金術成了醫用化學的關鍵。

到底該不該相信呢？

鍊金術沒有問題，但有些鍊金術士的技術太差。

帕拉塞爾蘇斯把人體比喻為化學庫。

人體內部是沒有等級的，不會出現類似只切豬五花肉來賣的事。

你說什麼！

那疾病是怎麼產生的呢？就是因體內的硫黃、水銀、鹽分布不均衡而產生的。

和我的理論很像啊！

不，如果你想知道差異，請記住：想恢復均衡只能靠礦物質藥物。

絕不是有機物能夠做到的。

醫用化學界的學者偶爾也會發現好藥。

治療貧血症需要加有鐵元素的鹽。

為什麼呢？

血是紅色的，紅色會聯想到火星，火星聯想到馬爾斯！馬爾斯是血鐵之神。

這種理論在治療時會有幫助。

真是瞎貓碰上死耗子。

醫用化學還有個特徵，就是會區分不同疾病。

一定要記住，不同種類的病，特徵不同！

因此萬靈藥的說法實在很愚蠢。

有這麼多材料，很難判斷哪種有效。

還不如只吃一種藥。

這樣的處方也發展了醫藥，

並且影響16、17世紀甚鉅。

尤其是藥劑師結合理論與技術，逐漸成為治療者。

他們的地位也提升了。

這個時期，梅毒*開始流行。

大家都猜測這也許是從新大陸傳來的疾病。

而梅毒病原體直到20世紀以後才被發現。

束手無策！好多人死於這種病。

弗拉卡斯托羅是醫生，也是病理學詩人。

見到你，你好嗎？

非常高興。

弗拉卡斯托羅
(西元1478～1553)

★梅毒(Syphilis)：感染名為梅毒螺旋菌的性病。

他仔細觀察一位名叫斯皮爾雷斯的梅毒重症患者，

哪些部位疼？

請仔細描述一下。

嗯……

是怎樣的疼法？

並寫了一首拉丁文長詩《西菲利斯或法國病》。

梅毒的名稱就來自詩中主角西菲利斯★。

後來的人把詩名省略，只取西菲利斯當作病名。

這傢伙太過分了！

★西菲利斯：梅毒的英文Syphilis就是由此而來。

弗拉卡斯托羅主張病症是由微生物引起的。

所有的病症都會傳染。

可能存在疾病的原子或是種子吧？

他是根據原子理論得出的結論。

種子先傳染到某人身上，快速生長再散播出去。

透過皮膚接觸，

或者透過空氣傳染。

弗拉卡斯托羅和帕拉塞爾蘇斯的理論，是病毒發現的先知。

我也是個天才。

真的嗎？

我說的，沒錯吧？

可惜他們沒有完成理論。

我不想聽！

啊，你看那片雲！

他們沒有實驗出支持理論的證據。

弗拉卡斯托羅還找出黑死病和傷寒★的區別。

不，還是有所不同。

要確實區分真的很困難，

如果能仔細觀察，

我認為兩者差不多。

還是能夠發現的。

★傷寒：由傷寒桿菌造成的急性腸胃道傳染病。

167

文藝復興生物學

圖文並茂的動植物圖譜

這個時期的生物學仍然沿用古代的分類方法。

亞里斯多德？老普林尼？他們的理論還沒被淘汰嗎？

不管別人怎麼說，我喜歡他們的說法。

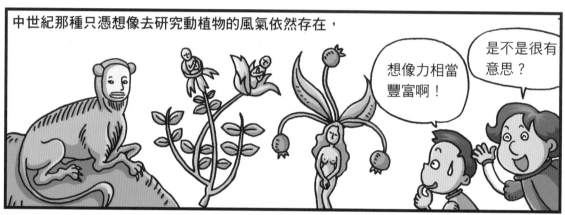

中世紀那種只憑想像去研究動植物的風氣依然存在，

想像力相當豐富啊！

是不是很有意思？

可是大部分人的觀念已經轉變，

我不想看這種東西，我要看文藝復興時期的研究成果。

我和那些傢伙合不來。

你自己去看吧！

研究多半建立在觀察和比較的基礎上。

這裡是什麼地方？

這是類似標本室或植物園的地方。

哇！這裡還蒐集人嗎？

救命啊～

又把標本弄倒了。

因為蒐集了太多動植物標本，經常會發生這種事。

從此時到科學革命時期，這種標本室一直都是富人的最愛。

嘿嘿嘿！

沒事吧？要小心點……

這些標本的蒐集帶來重要的發現。

你來得正好。我找到了非常珍稀的動物標本。

啊！小心點，別再弄倒了。

這時德國的植物學研究非常活躍。

特別是這三個人，可以稱為「植物學之父」。

你好！

傑羅姆·波克
(西元1498～1554)

萊昂哈特·福克斯
(西元1501～1566)

奧托·布朗菲斯
(西元1488～1534)

植物學怎麼會有三位父親？不要說這種不科學的話！

這三個人生活在同一個時代，思想和經歷都很像。

他們都堅持路德教派的改革方向。

真了解我們呢。

我不喜歡和別人比較。

他們原本都是醫生，後人對他們在植物學成就的評價也大致相同。

調查得太詳細了，你這傢伙。

不許說我們的缺點！

1530年左右，布朗菲斯出版了《本草圖譜》。

從1530～1536年一共出版了三卷。

拉丁語版

德語版

同時有拉丁語和德語兩種版本。

書中大量借用迪奧斯克里德斯★及其他生物學家的觀點。

其實就是一部抄襲的書。

請別說得那麼直接。

★迪奧斯克里德斯：古羅馬時期的希臘醫師及藥理學家。

而且書中對於常見植物使用不同的命名。

對植物的分布也不清楚。

請別說得那麼嚴重。

XXXX

△△△△△

雖然有些缺點，但仍有與眾不同的意義。

首先，這是最早記錄德國植物的書。

特別是畫家魏迪茲的精美插圖，讓這本書更出名。

這些圖片到底有多準確呢？據說連剛枯萎的植物都畫了出來。

不可以！千萬不要枯萎！我還沒畫完……

……

不只植物本身，連植物生長的地方也畫了，為後人留下珍貴的資料。

雖然同時代的畫家，如波提切利、杜勒也畫過活生生的植物，

波提切利「春」

杜勒「草地」

布朗菲斯書中的概念和方法論別具意義，在當時的歐洲科學界引起大迴響。

請不要這樣誇獎我。

1539年傑羅姆·波克寫了《植物誌》，將植物學推向高峰。

嗨，你生活在什麼地方？

你喜歡怎樣的氣候？

他對著植物自言自語時好像很害羞。

這個人特別關心發現植物的地方。

聽我說，我很好奇，為什麼完全不同的你們會聚集在一起。

對於這樣共同生活，你們是怎樣想的呢？

或許是你們有些共同性，才會聚在一起？

他在書中提出了許多神話故事般的理論，

看著植物，我無法控制自己不產生奇怪的念頭。

它們有人形的根部，一聽到挖掘的聲音就會死去，這說法是不是太奇怪了？

可是並不成功。

連最普通的蘭花你也提出荒謬的想法！

蘭花，你不是烏鴉與斑鳩的孩子嗎？

這本書剛出版時並沒有受到關注。

你知道為什麼沒人看嗎？

當然知道，因為書裡沒有插圖！

1546年，增加了畫家坎德爾的木版畫後重新出版，才受到關注。

這才值得一看。這種書的插圖很重要。

是啊，沒有圖會很枯燥。

福克斯編寫《植物史論》，是藥用植物圖鑑。

為什麼總是跟著我？

是1542年出版的書。

這本書中也有很多精美的插圖。

作者在插圖上費很多心思，據說他請了三位畫家來畫圖。

雖然書中也借用許多迪奧斯克里德斯的理論，但他把植物名稱按照字母排列，查找很方便。

像這樣

他觀察記錄生長在德國的400多種植物，和100多種外國植物。

他又是怎麼分類的呢？

嗯，好像沒有分類。

又在背後說我壞話？

福克斯在植物的學名下了不少功夫。

為植物命名和分類一樣重要。

不是嗎？

學名：

學名：

學名：

除了他們，還有很多學者也研究植物學。

科達斯並不是從醫學角度，而是透過植物學理論，

編寫了《植物的自然史》，但他29歲就去世了。

科達斯
(西元1515～1544)

克盧修斯在萊登大學蓋了全歐洲最大的植物園，編寫新發現600多種植物的《稀有植物論》。

還首次撰寫有關黴菌的研究論文。

克盧修斯
(西元1526～1609)

他從最基本的植物分類法下手，

這算是樹木還是草呢？

可食用嗎？

不知道能不能用於製藥？

你整天嘮嘮叨叨……

你才是呢！

逐漸做出更具學術性的植物分類法。

動物學家格斯納，希望根據植物的構造分類。

這種樹的汁液供給原理好像不一樣啊？

德羅貝爾則根據葉片的構造來分類。

其他我不清楚，但單子葉植物和雙子葉植物是不同的。

安德烈亞‧切薩爾皮諾則以受精器官為分類標準。

根據受精器官的不同分為……

單子葉和雙子葉植物的分類法，至今仍在使用。

雙子葉　　單子葉

植物學發展到這個地步，動物學也有發展吧？

當然了！動物學領域首先要提到三名醫生。

又有三個人？

他們被稱為「百科全書派自然主義者」。

第一位是魚類解剖學者龍德萊，他對海洋生物很感興趣。

龍德萊
(西元1507～1566)

1558年，他寫了《魚類全誌》，書裡蒐集了許多海洋生物學的研究成果。

不只海洋魚類，連淡水魚也寫了？

連生活在小河裡的動物都包括進去。

也有寫到我？

龍德萊解剖水中動物，了解消化、呼吸、生殖方法等，並研究動物與環境的關係。

舉例來說，魚鰾是長在魚背部一個充滿氣體的囊。

魚鰾

魚鰾調節魚在水中上浮或下沉。

哇，是解剖圖！

只要是淡水魚，就都有魚鰾。

他是怎麼知道的？

有些海洋生物也有。

主要是沙丁魚類。

騙得了鬼神也騙不了我！

沙丁魚是我們的兄弟……

174

龍德萊還發現了海豚的耳朵，並與豬的耳朵比較。

是不是因為海豚又名海豬，所以兩者有點像呢？

雖然生活的地方不同，但都是哺乳類動物，所以相似處很多。

我不是海洋生物啊。

據說他畫的海膽圖是現存無脊椎動物解剖圖中最古老的。

無脊椎動物，就是沒有脊椎的動物。

連海膽都被……

你不用那麼關心我們……

百科全書派的第二個人是福克斯，他是傑出的語言學家、神學家兼醫生。

尤其是希臘語和希伯來語最出色。

萊昂哈特·福克斯
（西元1501～1566）

嘿嘿嘿
嘿嘿

他既研究動物又研究植物。

我在植物學中出現過，還記得我嗎？

科達斯死後，由福克斯接續完成著作。

我還記得！

《植物全書》是我觀察植物構造所寫的書。

共蒐集了1500多種植物的圖。

他因為寫了5卷《動物自然史》而聞名。

總共4500多頁，這裡就不贅述了。

200年後，著名動物學家居維業對此書大為讚賞。

福克斯在這本書中也對動物做了新的分類，

植物寫得很成功，

動物就不太理想了，因為範圍太廣。

但卻不太成功。

大家都認為應該要分類動物，但又覺得總會有別人去做。

我不同意這種想法。

還裝得很了不起似的。

福克斯在化石相關論文裡也加了插圖，強調圖畫的重要性。

走在流行的尖端，論文就不會那麼生硬。

真的耶。

百科全書派自然主義者的第三個人是貝隆。

我生於法國附近的貧苦家庭，從小學習藥學。

貝隆
(西元1517~1564)

他跟隨科達斯學習植物學，後來拿到了醫生執照。

並得到法國王室的認可，在宮廷裡做事。

但不知道為何會在49歲被暗殺。

貝隆對動物和植物都很感興趣，還寫了三本書。

我早期去過中東地區，也把觀察到的動植物分布都記錄下來。

看，首先是1551年寫的《異國魚類自然史》，

還有1553年寫的《水中生物圖解》，

1555年還寫了《鳥類博物誌》。

《異國魚類自然史》是描述貝隆親自解剖魚類和海洋哺乳類動物的書。

哺乳動物就是會以乳汁哺育幼崽的動物。

海洋哺乳類動物主要有海豹、海牛、海象、海豚、鯨等。

解剖了海洋哺乳動物的雌性，發現奶水流出的部位和陸上哺乳類很像。

這傢伙呼吸空氣，所以應該將牠歸入哺乳類。

嗯，你什麼都懂呢！

就這樣分吧

嘿嘿，那就把你歸入魚類了。

哼！

並且改正了鳥類解剖學中的錯誤。

貝隆因為對鳥的研究而聞名。

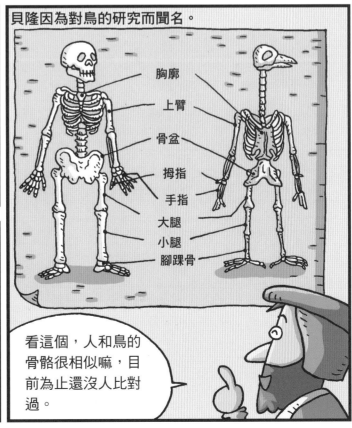

胸廓
上臂
骨盆
拇指
手指
大腿
小腿
腳踝骨

看這個，人和鳥的骨骼很相似嘛，目前為止還沒人比對過。

確實比對了人和鳥類的骨骼。

還有一個傑出的動物學家阿爾德羅萬迪。

起初學習數學和拉丁語，後來四處去旅行。

阿爾德羅萬迪
(西元1522～1605)

每當發現新鮮事物時，我就會去研究。

後來遇到龍德萊，從此迷上自然科學。

回到故鄉後，當了醫生。

在波隆那大學教倫理學。

但是我無法克制對自然科學的喜愛。

結果，結果……

成了波隆那大學第一個自然科學教授。

還建立了義大利第一個植物園。

他研究了幼卵的發育過程。

應該叫作胚胎學嗎？

我的研究對偉大的胚胎學家科伊特產生影響。

他還寫了昆蟲、鳥類、哺乳類的書。

1600年，他寫了三本鳥類的論文。

1603年，他寫了一本昆蟲的論文。

書裡還涉及蛇、龍、怪物等。

不要問我龍的問題，因為我也非常好奇。

無論如何，我讓義大利的動物學研究往前邁進。

文藝復興工藝

改良精進的新技術

古騰堡改良的活字印刷術快速傳遍整個歐洲，

影響力也很大。

不只製作出更多的書，

也不會發生抄書員失誤的事。

你就沒想過別人會照著你的版本抄寫嗎？

哎呀～寫錯了。就跳過去吧，要改太麻煩了。

也不再只是少數學者才能看懂的拉丁語，

而是出現了用各國語言所寫的書。

用我國語言寫的書！不是在做夢吧？

與此同時，出現了銅版畫技術。

書上也可以印製複雜精美的圖畫了。

這種銅版畫促進了寫實主義畫法，且對科學發展有很大的貢獻。

嘻嘻，出現了版畫家這種職業。

能賺不少錢呢！

除此之外，各地都開始使用機器，產業結構發生變化。

還使用以槓桿原理製成的車軸。礦山還運用了鐵軌和手推車。

開始使用風力、馬力運作的機器。

這是打磨螺絲的車床。

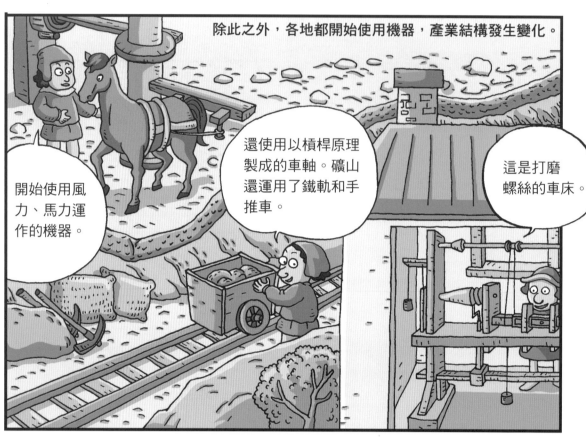

生活也出現很大的變化。

時鐘不再是靠鐘擺擺動來報時了，

新技術可將時鐘內部結構分成幾段，透過互相咬合的齒輪帶動報時。

外形也越來越小了。

才23公分長！

真的變小了！這樣就可以放在房間裡了。

拉梅利是軍事技術員，他為法國亨利三世工作。

拉梅利
(西元1531～1600)

他寫了一本《各種精巧的機械裝置》。

哇！

書中因收錄了195幅大型圖畫而聞名。

嗚！

這是用水車帶動風箱★點火來煉鐵的機器。

嗬！

啊，這是用來搗粉的箱形風車……

噢！

你知道這款改良的風車哪裡不一樣嗎？

★風箱：燒火時鼓風的器具。

仔細聽！

好。

箱形風車只能順著風，風向一變，扇葉就不動了。

即使風向改變了，改良風車的三角形部分也能讓風通過，使扇葉轉動。

都說完了？

啊？

嗯。

那我走了。

回來！就這麼走了？

發表感言再走啊！

阿格里科拉是德國礦物學家、地質學家兼醫生。

這位大叔也寫了有趣的書呢。

阿格里科拉
(西元1494～1555)

聽說你是有名的人文主義者。但人文主義者是什麼呢？

人文主義者就是重視人的尊嚴，支持古典文化的人。

他在萊比錫大學學習哲學、神學和語言學。

為什麼選擇這些科目呢？

因為我是人文主義者啊。

神　學　語言　學

1524年起在義大利學習醫學。

為什麼突然換科系了？

也是因為我是一個人文主義者。

但最後他放棄了醫學，開始研究礦產、礦物。

為什麼不做醫生？

等等！別再回答因為你是人文主義者了。

因為我對礦物性藥物感興趣。

嗯，要用一句話來概括這些書的特點。

就一句，像個人文主義者！

我是個人文主義者，所以不相信《聖經》所說「世界是絕對不變的」。

被你打敗了！

我認為世界是由岩石和礦物組成，地形是靠自然的力量改變的。

我死後出版了一本《論礦冶》，其中記錄了地質學原理、礦產技術、職業病及治療方法等與礦業相關的內容。

這本書是將地質學推向近代化的基礎。

啊，這時的人們已經懂得用工具找礦脈了！

當時的造船術也因社會需求而發展。

造了很多遠航用的大帆船。

戰爭中經常使用火藥。

還是繼續使用弓箭嗎？

沒錯，但火藥更有威力啊！

為了提高槍炮和火藥的性能，人們開發了各種技術。

比林古喬是製造大炮的技術員。

他精通大炮的製作和火藥攻擊。

比林古喬
（西元1480
～1539）

他寫了一本《火法技藝》。

我寫得很用心，書中的內容通俗易懂。

這本書對冶金術和礦業也有很大影響。

因為性能優良的大炮能夠決定戰爭的勝負，非常重要。

我花了很多錢進行大量研究。

在這樣的情況下，大炮的製作技術逐漸提高。

哈哈！這顯示出技術員的價值！

但是，戰爭造成大量的傷亡，越來越可怕了。

【番外篇】旅行家馬可‧波羅的悲喜人生

馬可‧波羅17歲時隨父親前往亞洲，1295年回到威尼斯。

大家過得好嗎？我們26年不見了。

這是誰呀？原來你還活著，這些年你去哪裡了？

呃……我去了一趟東方！還曾經做過蒙古國王忽必烈的大臣。

真的嗎？

之前沒有人從那裡回來過！

由於馬可‧波羅的旅行見聞太神奇了，

我可是見過大世面的，沒有人能跟我相提並論。

我跋山涉水，歷盡艱辛。

所以人們都不相信他說的話。

當時蒙古的元大都（現在的北京）有幾百萬間瓦房。

說什麼都要加上百萬。真是吹牛大王。

然而這時的威尼斯捲入了戰爭。

嗯！你要去哪裡？

去參戰啊！我們跟熱那亞打起來了！

為什麼？

你真不知道？就是因為從東方帶回來的那些貨物啊。

你說的是茶、胡椒、瓷器、絲綢那些東西嗎？賣得很好嗎？

當然賣得好啦，所以才成了大問題。

那些貨物必須經過黑海才能進口到我國，可是途經熱那亞時都被搶走了。

……

威尼斯
熱那亞
君士坦丁堡
拉古薩
黑海
墨西拿

如果不能再次占領黑海，就會失去通往東方的貿易管道。我們一定要去參戰！

……

嗯！如果我們勝利，威尼斯就能開啟通往東方的貿易路線了。

考慮中

如果勝利了，以我對東方的熟悉程度，賺大錢的機會就來啦！

考慮後

等等我！我也要參戰！！

然而，這次的戰爭威尼斯輸了。

我也成了俘虜，被關進地下監獄。

嗚嗚，本以為可以獲得百萬的貿易機會。

馬可·波羅在獄中成為明星般的人物。

獄友怎麼打發無聊的時光呢？不如跟他們說說我的傳奇見聞吧。

再說一下你在蒙古時的趣聞吧！

獄友聽到入迷，連逃亡的想法都沒有了。

這個人還一邊聽一邊做記錄。

比薩作家
魯斯蒂謙

魯斯蒂謙聽了馬可·波羅的所見所聞後，寫成後來的名著《馬可·波羅遊記》。

也稱為《東方見聞錄》。

馬可·波羅遊記

是繼西方《聖經》後，銷售最好的書籍。

這本書讓西方人知道還有更廣闊的世界。

人們對於這個新世界充滿了夢想。

這本書也成為探險家的必需品。

哥倫布

其實從個人角度來說，如果威尼斯戰勝了熱那亞，掌握東方貿易後，我就會獲得大量的金錢和權利。

如果那樣，我就不會被關入監獄，這本書也不會誕生。人生真是變幻無常啊。

你死後，歷史會銘記你的名字。

馬可·波羅

漫畫STEAM
科學史

中小學生必讀科普讀物 新課綱最佳延伸閱讀教材

★ 韓國學校圖書館推薦 ★

★ 韓國科技部優秀科學圖書 ★

★ 韓國文化產業振興院優秀漫畫策劃獎 ★

★ 中國人民大學附屬中學教師推薦「中小學生必讀科普讀物」★

結合科學（Science）、技術（Technology）、
工程（Engineering）、藝術（Art）
及數學（Math）的STEAM學習方式！

從歷史演變了解科學脈動，從生活小事理解龐大科學概念

【全彩漫畫】圖解中小學生必備科學基礎概念

涵蓋物理、化學、生物、數學、天文……基礎科學知識一把抓

韓國學校圖書館、韓國科技部推薦優良科學圖書

【漫畫STEAM科學史1】

石器時代到古希臘

- 能算出金字塔斜率和圓周率的埃及人，卻沒有建立任何數學公式或定理？
- 美索不達米亞人流傳下來的占星術，其實也是一種科學概念？
- 古希臘科學家認為，人類的祖先是「魚」？

【漫畫STEAM科學史2】

希臘羅馬到印度、伊斯蘭

- 阿基米德真的可以用一個人的力量，就把船拉回岸邊？
- 沒有望遠鏡、太空船，古希臘人怎麼算出地球到月亮的距離？

【漫畫STEAM科學史3】

中世紀前期至文藝復興

- 中世紀幫病人開刀的不是醫生，而是理髮師！？
- 繪畫天才達文西還是個想要飛上天的瘋狂科學家？
- 以前的鍊金術師居然想把海水變成金子？

【漫畫STEAM科學史4】　（預計2020年5月上市）

科學革命的啟程

- 行星運轉時，竟然會發出美妙的旋律！？
- 葡萄為什麼是紫色的，蘋果又為什麼是紅色的呢？

封面設計中

【漫畫STEAM科學史5】　（預計2020年8月上市）

封面設計中

向現代科學邁進

- 著名的物理學家牛頓和博物學家虎克，竟然是超級死對頭！？
- 食物進到胃裡之後，是怎麼消化的？
- 世界上真的有靈魂的存在嗎？

哪一個科學家讓你印象深刻呢？哪一個科學大發現讓你覺得驚嘆？
寫下你覺得最有趣的一段科學故事，一起探索神奇的科學領域吧！